KB027915

이민부의

세상을 담은
지리 교실

이민부의
세상을 담은
지리 교실

초판 1쇄 발행 2012년 5월 22일
초판 2쇄 발행 2014년 2월 26일

지은이 이민부

펴낸이 김선기
펴낸곳 (주)푸른길
출판등록 1996년 4월 12일 제16-1292호
주소 (137-060) 서울시 서초구 방배동 우진빌딩 3층
전화 02-523-2907
팩스 02-523-2951
이메일 pur456@kornet.net
홈페이지 www.purungil.co.kr

ISBN 978-89-6291-196-1 03980

*이 도서의 국립중앙도서관 출판시도서목록(CIP)은 e-CIP홈페이지(http://www.nl.go.kr/ecip)와 국가자료공동목록시스템(http://www.nl.go.kr/kolisnet)에서 이용하실 수 있습니다.(CIP제어번호: CIP: 2012002226)

이민부의

세상을 담은 지리 교실

이민부 지음

푸른길

세상과 현실을 지리에 담으며

우리는 살아가면서 알게 모르게 지리의 영향을 받는다. 땅을 딛고 살기 때문이다. 인류는 거대한 문명 체계를 만들어 지구의 환경과 생태의 조절자가 되었다. 이제 인류는 생물체의 진화뿐 아니라 지표의 진화에도 깊이 간여하고 있다. 그럼에도 불구하고 여전히 지리는 인간 삶의 기반이면서 살아가는 동안의 크고 작은 원동력이다. 여전히 땅 위에서 살고 있기 때문이다.

이 책은 한국교원대학교 지리교육과 홈페이지와 본인의 개인 블로그에 올린 글들을 다듬어 묶은 것이다. 대학에서 자연지리학을 강의하면서 이론 중심의 전통적인 지리학 외에 실제 현장과 현실에서의 지리, 언론과 세간에서 다루어지는 이슈들에 내포된 지리 등에 대한 설명이 요구되었다. 바로 이 절실함이 이 책을 세상에 나오게 한 것이다. 진화하고 변화하는 공간과 지역과 장소를 현재 어떻게 바라보고 해석할 것인가? 이를 바탕으로 보다 나은 삶터를 어떻게 만들 것인가? 이러한 고심을 담아 책을 만들고자 했다. 많은 현실의 사례를 수집하고 분류하고 해석하면서 지리학 이론의 발전에 조금이나마 도움이 되었으면 하는 마음도 있다. 한편에는 이 책을 독자들이 어떻게 바라볼까 조심스러운 마음도 든다.

필자는 지형학을 연구하는 자연지리학자이다. 자연지리학은 지역을 조사하고 살피는 지역지리학과 인간의 삶을 중심으로 지리학 이론을 담는 인문지리학의 바탕이고 배경이다. 자연히 이 글들도 세상을 바라보는 자연지리학자의 눈길로 만들어졌으며 또한 자연과 문화, 생태와 지역을 모두 아우르고 있다. 앞으로도 계속 세상과 현실을 지리적으로 바라보는 글을 이어갈 예정이다.

이 책은 대학의 논술형 교재로 사용하는 데 그 목적을 두고 있다. 동시에 일반인들을 위한, 이 땅과 세상의 공간에 대한 교양서로 읽히기를 바라고 있다. 그리고 청소년들도 부담 없이 볼 수 있으리라는 기대도 한다. 끝으로 이 책에 필요한 귀한 사진들을 흔쾌히 제공해 주신 공주대 지리교육과 최성길 교수님, 국토 기행과 답사 길을 동행하고 촬영을 도와준 이흥재, 성병철, 옥충석 친우들께 감사의 마음을 전한다. 글 묶음을 책으로 만들자고 제안한 (주)푸른길 김선기 사장님, 책을 아담하게 잘 꾸며 준 박미예 선생님께 감사의 뜻을 전한다.

2012년 5월, 청람벌 연구실에서 저자 드림

차례

1

하늘을 담은 지리 교실

한반도의 여름은 무더위, 장마, 그리고 태풍이다

무더위가 있기에 쌀밥을 먹을 수 있다

우리나라의 여름을 생각하면 푹푹 찌는 무더위가 먼저 떠오른다. 심할 때는 기온이 35℃까지 오르기도 하고, 습도 또한 높다. 무더위라는 말 자체가 '물+더위'로 이미 습도가 높다는 뜻이 들어 있다. 이러한 무더위는 아열대에 위치한 북태평양의 덥고 습한 기류가 한반도로 올라오기 때문에 나타나는 현상이다. 즉 북태평양 고기압의 영향이다. 이 고기압은 한반도를 넘어 만주 지역까지 북상한다. 여름철 우리 동포들이 살고 있는 중국의 연변을 가면 한반도와 비슷한 날씨를 보인다. 동북아시아 전역의 벼들이 무르익는 시기이다. 고온 다습한 대기는 그 자체가 큰 에너지이다. 한밤까지도 더위가 가시지 않는 열대야[1]도 발생한다. 수증기를 머금은 대기는 열을 더 잘 저장하기 때문이다.

태양이 내리쬐는 가열된 지각에 의해 지표의 수분이 증발되어 상층 대기

---

1 한여름 최저 기온이 25℃ 이상인 현상을 말한다. 대기 중의 수증기는 열을 많이 포함하고 있기 때문에 밤이 되어도 기온이 잘 내려가지 않는다. 열대야가 지속되는 날은 불쾌 지수가 높고 더워서 잠을 이루기가 어렵다.

한여름 늦은 오후 시원스레 내리는 소나기

로 올라가고, 응결되면서 갑자기 비가 내린다. 바로 한여름 오후쯤 내리는 대류 작용에 의한 소나기이다. 소나기는 대류성 강우convective precipitation의 전형이다. 소나기가 내리고 나면 빗물이 증발하면서 발생하는 증발열로 약간은 시원해진다. 너무 더운 날에는 소나기가 기다려지기도 한다. 아열대 지방은 매일 이와 같은 원리로 비가 내린다. 스콜squall이라고 부른다.

초여름, 어김없이 찾아오는 지루한 장마

장마는 고위도의 북태평양인 오호츠크 해의 습하고 차가운 기류가 남하하면서 아열대에서 북상하는 북태평양 기단과 한반도에서 만나, 동서로 가로지르는 전선前線, air front을 형성하면서 발생한다. 북쪽의 기단氣團, air mass이 먼저 다가오면 한랭전선이 되고, 남쪽의 기단이 다가오면 온난전선이 된다. 기단은 동일한 성격을 가진 거대한 공기 덩어리를 말한다. 기단과 기단이 만

지형성 강우

전선성 강우

나면 전선을 형성한다. 전선이 만들어지면 전선성 강우frontal precipitation가 내린다.

한랭전선은 차가운 기단이 따뜻한 기단으로 다가와서 가벼운 따뜻한 기단 아래로 파고들면서 경사가 조금 급한 전선을 형성한다. 온난전선과 비교하면 좁은 지역에서 많은 비를 내린다. 온난전선은 따뜻한 기단이 차가운 기단으로 다가와서 차가운 기단 위로 올라가면서 형성된다. 한랭전선에 비해 경사가 완만하고 비교적 넓은 지역에 약한 비를 내린다.

그런데 한랭전선과 온난전선이 만나서 길게 동서 방향으로 늘어진 정체전선장마전선이 형성되면 띠 모양의 전선대front belt가 만들어진다. 우리나라는 중위도 편서풍대에 속한다. 따라서 중국의 양쯔 강 쪽에서 발달한 대륙성 기단시베리아기단이 남하면서 변질된 기단들은 편서풍을 타고 한반도로 이동한다. 이동하는 과정에서 서해의 수분을 머금어 장마전선대에 전달하고, 장마전선에서의 강우를 강화시킨다. 장마전선의 강우 패턴이 보다 강해지고 복잡해진다. 이동하는 기류는 산지를 만나면 보다 많은 비를 만든다. 바로 지형성 강우 orographic precipitation로 국지적 특성을 반영한다. 전선성 강우에 지형성 강우가 특정 지역에서 더해지면 더욱 많은 비를 내리게 된다. 산사태의 가능성과 호우에 의한 피해도 더 늘어날 수 있다.

반갑지만은 않은 여름 손님, 태풍

2011년 제6호 태풍 '망온'은 한반도로 올라오지 않고, 일본 쪽으로 바싹 붙어서 비켜갔다. 당시 우리나라의 중부 지방은 기온은 높고 습도는 50% 이하로 낮은 맑은 날씨를 보였다. 푄Föhn 현상[2]으로 풀이되었다. 동해가 태풍 망온의 간접적인 영향을 받은 것이다. 태풍은 북반구에서 중심을 향하여 반시계 방향으로 바람이 불어 들어가는 열대성 저기압이다. 일본 쪽으로 방향은 틀었지만 반시계 방향으로 회돌이하므로 동해 쪽으로 일부 기류들이 들어온 것이다. 이 기류들은 동해안에 비를 내리고 태백산맥을 넘으면서 고온 건조한 기류로 변해 태백산맥 서쪽 지역으로 유입되었다. 이처럼 산지를 넘으면서 건조해지고 기온이 높아진 바람을 푄 바람이라고 한다. 이로 인해 우리나라는 더웠지만 대기가 참으로 청명했다.

비록 망온은 한반도에 직접적으로 영향을 주지 않았지만, 여름철이면 우리나라도 태풍의 북상을 유심히 관찰해야 한다. 태풍은 심하면 9월 중순에도 우리나라에 영향을 미친다. 늘 대비할 필요가 있다. 태풍은 강한 바람과 함께 태평양의 수분을 머금고 있어서 많은 양의 비를 내린다. 가뭄이 심하면 가끔 태풍이라도 바라는 심정이 되기도 한다.

태풍의 발원지는 적도 부근의 중부 태평양으로 해수면이 가열되면 엄청난

2 산지를 이동하는 공기의 습도와 기온 변화를 나타내는 용어. 산을 넘기 전의 공기보다 산을 넘은 후의 공기가 더 건조해지고, 기온도 더 높아지는 현상을 말한다.

수분과 열기를 대기에 전달한다. 여기에서 기압이 매우 낮은 열대성 저기압이 만들어진다. 열대성 저기압이 강해지면 태풍이라고 부른다. 태풍은 대기의 에너지가 상대적으로 적은 북쪽남반구는 남쪽으로 이동하려는 힘을 갖고 있다. 따라서 발원지보다 기온이 낮은 북쪽으로 이동하게 된다. 태풍은 무역풍대에서는 북서쪽으로 이동하고 편서풍대에 진입하면 북동쪽으로 방향을 틀어 이동한다.

태풍 망온처럼 방향을 일찍 틀면 일본 쪽 태평양으로 북상하여 우리나라의 피해가 적다. 그런데 서해로 바싹 올라와서 방향을 틀게 되면 우리나라의 피해가 커진다. 전라도로 북상하여 방향을 틀면 남해안에 엄청난 피해를 가져온다. 우리나라는 북반구 편서풍대에 위치하므로 태풍이 반시계 방향으로 회돌이를 하면서 북동쪽으로 이동한다. 따라서 태풍의 영향권에 드는 지역이 회돌이 방향에 놓이게 되면 태풍 자체의 풍향 방향과 편서풍의 방향이 일치되면서 피해가 극심해진다. 이러한 지역은 '위험 반원dangerous semicircle'에 들었다고 말한다. 그러나 태풍의 중심에서 회돌이 방향으로 태풍을 맞은 지역이라도 편서풍의 풍향과 반대 방향이라면 상쇄되어 그 피해가 줄어든다. 따라서 태풍이 편서풍대에 진입하여 북동쪽으로 방향을 틀 때 태풍의 오른쪽에 위치하면 위험 반원에 들게 되고, 왼쪽에 놓이면 위험 반원에서 벗어난다. 태풍의 강도와 태풍의 북상 속도 외에 편서풍의 풍향과 관련한 태풍의 진로에도 관심을 집중하는 이유이다. 우리나라로 오기 전에 방향을 틀면 일본으로 간다. 인문적 지정학과는 달리 태풍과 지진에 관해서는 일본은 자주 한반도의 피해를 막아 주는 방패 기능을 한다.

태풍은 예측 불허인 점이 많다. 기후변화, 지구온난화로 넓은 태평양이 보다 많은 에너지를 흡수하면서 태풍의 강도가 높아진다는 주장이 있다. 태풍이 육지에 상륙하면 수증기 공급이 차단되어 에너지원이 사라진다. 육지에서 강한 바람과 많은 비를 내리면서 에너지를 소모하면 태풍은 약해지고 소멸된다. 그리고 다시 평상적인 북태평양 고기압에 의한 무더운 날씨로 돌아간다.

그래도 여름은 어원 그대로 열매를 만들어 가는 시기이다. 높은 기온과 많은 강수량이 그 원천이다. 덥고, 습하고, 때로는 비가 많이 내리더라도 긍정적으로 보고 국가적으로, 개인적으로, 경제적으로 여름을 잘 나는 지혜가 필요하다.

어른 허리춤까지 차오른 빗물, 물 폭탄이 떨어진다

장마철도 지났고, 태풍도 없는데 물난리가 났다

2010년 9월 21일 추석 연휴 첫날 서울을 비롯한 수도권 인근에 집중호우가 내렸다. 2명이 실종되었고 1만 4000여 가구가 침수 피해를 입었다. 서울 일부 지역에서는 한때 시간당 강수량이 100mm를 넘기도 했다. 대단한 강우 강도였다. 시간당 95mm의 빗물을 처리하는 광화문의 배수 기능 한계를

연일 내린 집중호우로 물에 잠긴 서울 사당역 사거리

넘어서는 집중호우로 인해 광화문 거리 전체가 물에 잠기는 보기 드문 장면이 펼쳐졌다. 강남구와 강동구 일부도 물에 잠겼다. 당시에는 기상 관측 이래 102년 만9월 하순 기준의 폭우라고 하였으나, 1년도 채 못 된 2011년 7월 경기도와 서울, 강원도를 비롯한 중부 지방에 또다시 집중호우가 내려 그 기록을 갈아 치웠다. 광화문 일대는 다시 물에 잠겼고, 강남, 서초 지역을 비롯한 여러 곳에서 침수 피해가 발생했다. 서울의 우면산과 춘천 소양강댐 바로 아래의 신북읍 천전리 마적산 등에서는 산사태가 발생하여 많은 인명·재산 피해가 났다. 우면산 산사태는 아직도 천재天災인지 인재人災인지 논란이 계속되고 있다.

2011년 6월 말부터 7월 말까지의 강수량은 지역에 따라 800mm, 심한 곳은 1000mm에 이르렀다. 7월 26일과 27일 이틀 사이에 중부 지방에는 대략 450mm의 비가 내렸다. 그리고 28~31일 사이에 약 200mm 비가 더 내렸으니, 다 합치면 곳에 따라 1700mm가 된다. 한반도의 연평균 강수량이 1300mm인데, 6, 7월을 제외한 다른 달에 300mm만 더 내려도 연평균 강수량이 2000mm를 상회한다. 지형성 강우까지 겹치면 더 많은 지역도 있을 것이다. 장마와 같은 현상이 길어지니 장마의 의미는 없고, 아열대 몬순[3]형 기후로 바뀐 것이 아닌가 하는 이야기들도 나온다. 이는 앞으로 조금 더 해를 넘기고 나서 다시 결론을 내릴 일이지만, 2011년 여름의 강수는 참으로 평년과 다른 양상을 보였다.

강력해진 제트기류

태평양에서 발달한 습하고 더운 기류들은 중국과 동중국해로 이동해 편서

3 계절풍. 육지와 바다의 비열 차이로 여름에는 바다에서 육지로, 겨울에는 육지에서 바다로 반년마다 풍향이 바뀌는 바람이다. 바다와 육지 사이에서는 어디든지 계절풍이 불지만 동남아시아와 인도 지방에서 잘 나타난다.

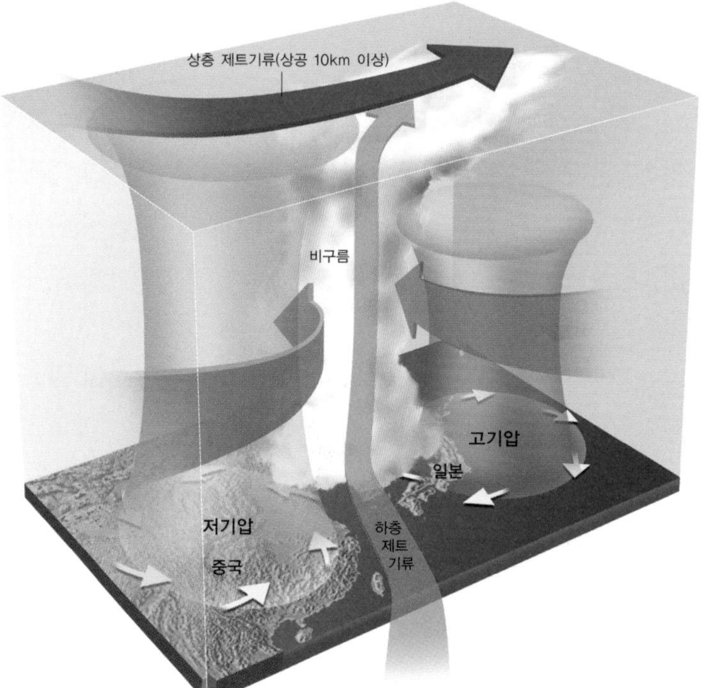

집중호우의 원인으로 꼽힌 하층 제트기류의 발달

풍에 편승하여 서해를 건너 우리나라로 온다. 위도가 높은 중국 북부 지역과 사할린 지역에는 찬 기운이 버티고 있어 태평양에서 올라온 더운 기류와 전선을 형성하고, 불안정한 대기 상태가 되어 비가 내리게 된다. 이 두 기류의 힘겨루기로 전선이 위아래로 움직이면서 비를 내리는데 흔히 장마라고 부른다. 보통 6월 말에 시작하여 8월 초까지 지속된다.

집중호우를 제트기류jet stream[4]와 관련지어 이야기하기도 한다. 북태평양

4 대류권 상부나 성층권에서 거의 수평으로 부는 강풍대를 말하며 길이가 수천 킬로미터에 이르고, 수백 킬로미터의 폭과 수백 미터의 높이를 가지는 것이 보통이다. 겨울철 최성기에는 전 지구를 휘감는 경우도 있다. 제트기류의 주변은 풍속의 변화가 심하여, 풍속이 수직 방향으로는 1km당 5~10m/sec, 수평 방향으로는 100km당 5m/sec 정도의 비율로 변한다. 또한 바람이 가장 빠른 중

에서 발달한 덥고 습한 기류가 북서쪽으로 올라오다가 중위도 편서풍대에 진입하면 편서풍의 영향으로 동쪽으로 방향을 틀면서 한반도로 유입된다. 그런데 이러한 편서풍에 편입된 공기들이 고도 3km 정도에 자리 잡은 '하층 제트기류'의 영향으로 더욱 빨리 한반도로 유입되고, 지표에서 제트기류 상층까지 전선을 형성하는데, 심하면 거의 수직적이다. 누군가 토네이도 방식과 유사하다고도 하는데 전혀 틀린 이야기는 아닌 것 같다. 하층 제트기류의 습한 대기들이 속도가 빠른, 그리고 더욱 차가운 10km 고도의 '상층 제트기류' 쪽으로 급속히 상승하게 되면서 소나기처럼 대류성 강우 형태로 폭우가 쏟아졌다는 것이다. 더러 천둥, 번개도 동반한 것으로 보아 상승의 정도와 성격이 서로 다른 기류들의 충돌이 심했음을 알 수 있다.

평소와 다른 기압 배치

일반적으로 우리나라의 여름 기후는 장마가 끝나면 한반도와 그 북쪽 상당한 지역까지 습하고 더운 북태평양 기단이 확장하면서 맑고 무더운 날씨와 한낮 동안의 소나기, 그리고 간간히 지나는 태풍의 영향 정도라고 할 수 있다. 그러나 2011년 여름에는 북태평양 기단이 한반도 바로 북쪽까지 버티고 있는 찬 기류들 때문에 평년보다 늦게 북상하였다. 왜 찬 기류가 한반도 바로 북쪽에 버티고 있었을까? 왜 지속적으로 덥고 습한 기류들이 빠른 속도로 한반도로 유입되었을까? 왜 하층 제트기류들의 움직임이 활발했을까?

지구 전체의 '대기 대순환general circulation'에서 보면 동북아시아 지역에서 국지적으로 서로 다른 공기 덩어리들의 대치 상황이 벌어진 것이다. 약간의 혼란 상황인 것이다. 미국이 지속적인 가뭄에 시달리고 있는 것도 국지적이다. 아마도 중국, 몽골, 시베리아 등도 여름에는 어느 정도 강수가 내릴 텐데, 한반도 남쪽에 폭우 전선이 버티고 있으니 비가 상대적으로 부족할 것이

심부에서는 풍속이 최저 30m/sec 정도이다.

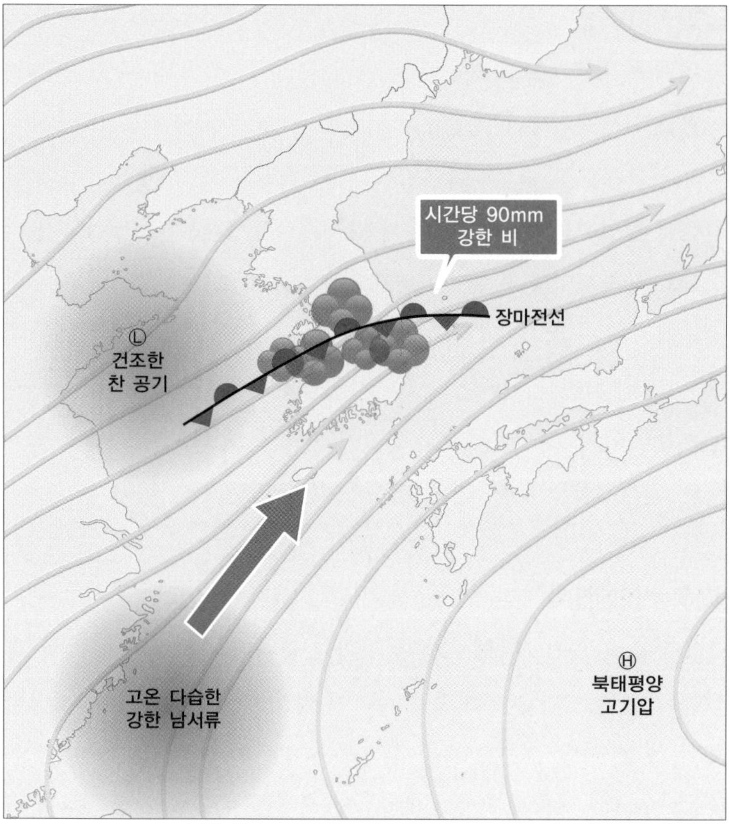

정체전선의 형성

다. 차갑고 건조한 공기들이 상층에서부터 누르고 있는 것이다. 북극 쪽의 근원적인 찬 기류들이 여름철답지 않게 세력을 발휘하면서 제트기류에 이들을 실려 보낸 것이 아닌가 조심스럽게 추측해 본다.

대륙적인 규모에서도 기후변화에 따른 강우 패턴 변화의 차별성이 보다 증가하고 있다. 즉, 대륙의 해안 인접 지역한반도처럼은 강수량이 증가하고, 내륙 지역은 강수량이 줄어드는 것이다. 또한 제트기류의 움직임, 북극 극기단의 움직임북극 진동, 태풍의 발생과 이동 등에 있어서 예측 가능한 패턴들을 찾기가 점점 어려워지는 경향을 보이고 있는데, 이들도 역시 기후변화의 영향으로 본다. 대기와 해류의 관계인 엘니뇨El Niño[5] 현상과 라니냐La Niña[6] 현상의 돌발적 발생이 잦은 것도 역시 예측하기 어려운 변화된 패턴이라고 하겠다.

지구온난화와 폭우

이러한 잦은 예측 불허의 상황은 현재 우리들이 자주 언급하는 기후변화, 지구온난화와 연계하여 생각해 볼 수도 있을 것이다. 물론 특정 지역의 기후변화는 보다 시간을 두고 지켜봐야 하지만, 이상 상태가 계속 누적되면 이를 변화된 기후 패턴으로 보아야 할 것인가. 많은 전문가들도 완전한 합의를 도출하지 못하고 있지만, 지구온난화의 영향이 있음은 모두가 인지한다. 실제로 한반도의 연평균 기온이 올라가고 있다. 그리고 강수량도 증가하고 있다. 그런데 강수량의 경우에는 지역적, 시간적인 유동성, 급변성이 많고, 예측이 힘든 경우가 많다. 예를 들어서 특정 지역에 짧은 시간 동안 심한 폭우가 증가하는 것이다. 게릴라성 강우의 수준을 넘는다. 강우의 패턴이 말 그대로 '신경질적'으로 나오는 것이다.

우리가 겪은 심각한 폭우와 호우가 지구 전체 대기의 순환의 영향을 받는 어쩔 수가 없는 자연 현상이라면, 우리 삶 자체에서의 대비를 보다 세심하게 할 수밖에 없다. 비바람이 그치고 청명한 하늘이 보이면 언제 비가 내렸냐는 듯이 바로 잊을 수도 있다. 그리고 다시 비가 내리면 '아차!' 한다. 인간이, 그

5 남자 아이(아기 예수)를 뜻하는 스페인어로 페루, 에콰도르 등 남미 주변 동태평양의 수온이 평년보다 0.5℃ 이상 높은 상태가 5개월 이상 지속되는 현상을 말한다. 엘니뇨 시에는 무역풍이 평년보다 약해져 표층 해수의 이동이 약해지고 따라서 활발히 이루어지던 용승 현상(심층의 차가운 해수가 해수면으로 올라오는 현상)도 약화된다. 평상시 고기압대인 이 지역은 저기압대가 되면서 많은 비가 내리게 된다. 궁극적으로 지구온난화에 따른 대기 대순환의 변화 때문으로 본다.

6 여자 아이를 뜻하는 스페인어로 엘니뇨 현상과 반대로 동태평양의 수온이 평년보다 0.5℃ 이상 낮은 상태가 5개월 이상 지속되는 현상을 말한다. 무역풍이 평년보다 강화되어 표층 해수의 이동이 활발해지고 용승 현상도 더욱 활발히 일어난다. 홍수, 가뭄, 한파 등 전 세계 기후에 영향을 미친다.

리고 자연이 감당하기에 역부족인 비가 내리는 경우도 분명히 있지만 인간의 부주의나 안일한 생각으로 피해가 커지는 경우도 있다. 우리는 세계적으로 높은 인구 밀도와 높은 경제 수준으로, 많은 시설물들과 활동으로 다층적이고 집약적인 토지 이용을 하고 있다. 더욱이 우면산처럼 산지 사면의 삼림 피복을 벗기고 인공 시설을 많이 설치하면, 폭우에 의한 산사태의 가능성과 피해의 정도는 당연히 높아질 것이다. 2011년 폭우로 발생한 많은 피해를 기억하며 평소에 인접한 자연환경과 우리가 변모시킨 환경들을 자세히 살피는 태도를 체질화시킬 필요가 있다.

지구는 점점 열받는 걸까?

더워도 너무 더운 여름

요즘은 지구온난화보다는 기후변화라는 말이 전 세계에 통용되고 있다. 특히 이 변화는 대체로 한랭화가 아니라 온난화를 의미한다. 학자들 중 상당수는 현재를 빙기와 빙기 사이의 간빙기빙기 중 비교적 따뜻한 시기로 보기도 하지만 현재는 확실히 지구온난화의 시기이다. 그것은 인간의 인위적인 활동, 에너지와 자원의 소모에서 기인되는 것으로 보는 것이 타당하다. 대체적으로 해를 거듭할수록 여름은 더워지고 있고, 한반도의 연평균 기온도 과거와 비교해 상승하고 있으며, 상승 폭도 점점 증가하고 있다.

필자는 2010년 여름에 광저우와 마카오를 다녀온 적이 있는데, 매우 무덥고 비가 많이 왔다. 비가 내리지 않아도 높은 습도 때문에 도시가 다 물에 젖은듯 했다. 우리나라 최근의 여름도 이와 비슷하다. 이제 우리나라의 여름은 아열대에 가까운 듯하다. 그런데 2010년 겨울은 너무 추웠고, 눈도 많이 왔다. 2011년 여름에는 무더운 날씨로 노인 분들이 유난히 세상을 많이 떠나셨다. 북반구에서는 제법 위도가 높은 곳까지 고온에 시달렸다. 도시의 열섬현상[7]과 열대야 현상도 더욱 심해지고 있다. 연중 날씨가 시소를 탄다. 여름의 에너지 소비는 더욱 심해졌다. 2011년 여름에는 전국 곳곳에서 대규모 정전 사태가 발생하기도 하였다.

2010년 겨울이 몹시 추웠을 때, 온난화가 아니고 혹시 소빙기가 오는 것이 아닌가? 빙하기가 오는 것이 아닌가? 지구온난화는 가식인가? 심하게는 기후적 음모론이라는 주장도 나왔다. 기후는 장기적이라 정확히 예측하기는 어렵지만, 그래도 이러한 더위의 원인은 역시 지구온난화가 아닐까 싶다. 지구온난화에 의한 기후변화의 몇 가지 조짐을 살펴보자.

지구온난화의 조짐

평균 기온과 강수량의 변화

먼저 장기간30년, 50년, 100년에 걸쳐서 꾸준히 기온이 상승하고 있다. 특정 지역의 경우도 그러하고, 전 지구의 평균 기온도 그러하다. IPCCInter-governmental Panel on Climate Change; 기후변화에 대한 정부 간 패널는 초대형 컴퓨터를 이용하여 이러한 기온 변화에 대한 측정과 계산을 꾸준히 하고 있다. IPCC의 연구 결과에 따르면 1906~2005년까지 지난 100년간 지구 전체의 연평균 기온은 0.74℃ 상승했다. 지역해양과 대륙, 고위도와 저위도 등에 따라 편차를 보이는데, 특히 북반구 대륙에서 기온 상승 폭이 심하였다. 또한.최근으로 올수록 상승 폭이 더욱 커지는데, 지난 100년간의 상승에서 후반 50년간의 상승률은 전체의 상승률의 2배에 달한다. 갈수록 심해지고 있음을 알 수 있다.

표층 해수의 온도도 상승하고 있다. IPCC의 연구 결과에 따르면 지구 표면의 71%를 차지하는 해양은 지구온난화로 가열된 지구 전체 열의 80%를 흡수했다. 이로 인해 수심 3000m까지도 해수의 온도가 올라갔다. 지난 100년 동안 지구 전체 해수면의 상승량은 0.17m였다. 해수면 역시 연평균 기온

7 도시의 기온이 주변 지역보다 높은 현상을 말한다. 녹지의 감소, 인공 시설물, 인공 열 등에 의해 도시 기온이 높아진다. 낮보다는 밤에, 여름보다는 겨울에, 그리고 바람이 없을 때 뚜렷하다.

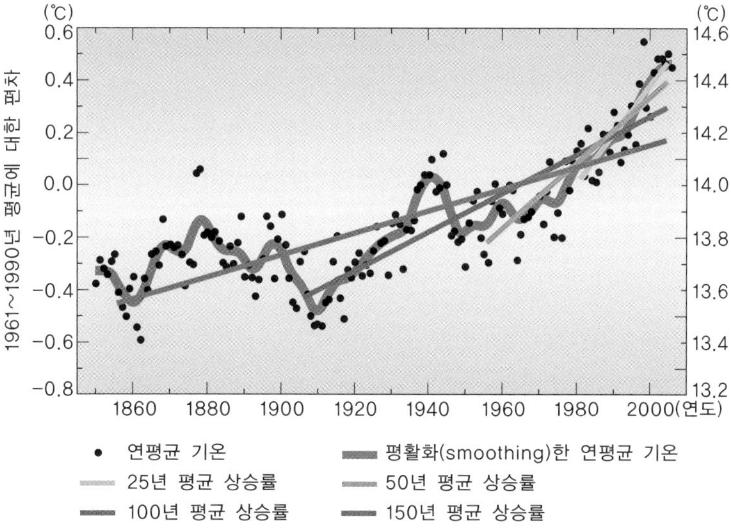

지구 연평균 기온의 상승(IPCC 4차 보고서)

과 마찬가지로 최근 상승량이 높다. 지난 50년간 상승률은 연간 1.88mm였으나, 최근 20년 동안은 상승량은 연간 3.1mm였다. 극지방의 빙하가 상당한 기간에 걸쳐서 꾸준히 녹고 있고, 이에 따라 해수면도 꾸준히 상승하고 있다. 또한 저위도에서는 바닷물의 입자 팽창에 의한 해수면 상승 효과도 있다. 해수면 상승에 따른 해안 침식의 강화를 의미하는 부룬의 법칙Brunn's rule도 한몫한다. 해수면 상승에 따른 저위도 해양의 여러 도서 국가들이 물에 잠기고, 일부 국가의 국민들은 주변 국가들로 이주하고 있다.

지구온난화와 관련하여 기상과 기후의 특성을 보면 최근 1~2년 동안 우리나라의 겨울은 유난히 추웠지만, 전반적으로 확실히 겨울이 따뜻해지고 있다. 또한 전 지구적으로 보면 지역적인 차이가 더욱 심해졌다. 대륙의 내륙은 더욱 건조해지고, 해안과 해양 지역은 강수량이 많아졌다. 해안 지역의 강수량 패턴도 이전과는 다른 양상을 보인다. 강수량이 늘었는데, 비가 내리는 날이 증가했다기 보다 짧은 시간에 많이 내린다. 또, 비가 많이 와도 빨리 물이 사라진다. 동시에 짧은 시간에 폭발적으로 비가 오므로 물이 빨리 빠져나가지 못하는 하천 유역에서는 홍수가 발생한다.

강수량과 기온에 대한 지역적인 차이가 큰 탓이기도 하지만 시간과 지역에 따른 기상과 기후 예측은 과학기술의 발달에도 불구하고 어려워진다. 이러한 강수량과 기온은 전 지구적으로 연결된 대기 대순환에 의한 것이기 때문이다. 엘니뇨 현상도 최근 20년 전부터 그 원인이 밝혀지고 있었지만, 현재의 엘니뇨는 그 변이가 많아서 엘니뇨 '모도키Modoki'라는 명칭도 생겼다. 엘니뇨 현상 같기도 하고, 아닌 것 같기도 한 이상한 현상, 즉 분석하기 힘든 현상, 보다 복잡해진 현상이 여러 곳에서 발생한다. 오랜 시간에 걸쳐 균형을 이루어 온 전 지구의 대기 대순환이 지구온난화로 난맥상을 보이는 것이 아닐까?

기상청은 2009년부터 장마의 기간과 강수량에 대한 사전 예측을 하지 않고 있다. 장마전선의 형성으로 장맛비가 오기는 하지만 장마전선이 아니더라도 장마 전과 장마 후에 같은 원리로 전선이 만들어지고 비가 내린다. 꼭 장마 때가 아니더라도 유사한 형성 원인으로 비가 내리기 때문에 장마 기간의 의미가 없어진 것이다. 전통적인 장마의 시간적·공간적 변이가 너무 심해진 것이다.

생태계의 변화

지구온난화의 영향으로 특정 지역에서만 볼 수 있었던 식물, 생물 개체들이 위도를 건너 확산되면서 생태계가 재편되고 있다. 그러나 기후변화를 견디지 못할 경우 멸종할 수도 있고, 새로운 곳에서의 적응 문제도 남아 있다. 또 식물은 동물처럼 자유롭게 이동할 수 없으므로 기후변화에 더욱 취약할 것이다.

한반도의 식물 분포와 농작물 재배의 분포지가 확연히 달라지고 있다. 사

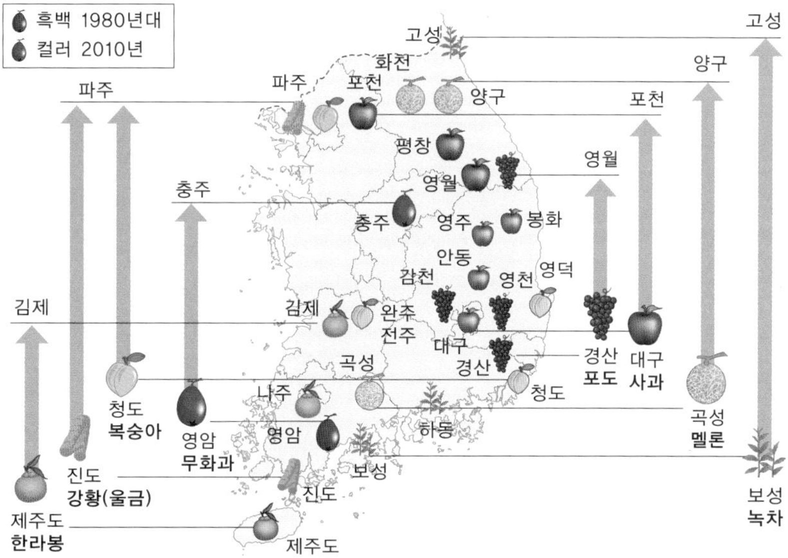

지구온난화에 따른 우리나라 작물 재배지의 변화

과 재배는 이미 휴전선까지 올라가서 남한의 거의 모든 지역에서 재배할 수 있게 되었다. 강원도 북단의 양구군은 지구온난화의 영향으로 사과 재배의 적지라고 광고한다. 남쪽 지방에서 주로 자라는 대나무 역시 이제는 서울에서도 잘 자란다.

해양 생태계도 마찬가지이다. 해수 온도의 상승뿐만이 아니라 그에 따른 해수면의 상승, 염도의 변화, 더 나아가서는 해수 순환 체계의 변화 등이 해양 생태계에 영향을 줄 것이다. 열대성 어종이 한반도 주변 해역에 출몰하고, 해마다 동해, 서해, 남해의 어종들의 분포 변화도 심하다. 바다의 어류들은 움직이는 생물체이므로 환경에 따라 공간 이동이 크기 때문이다. 이러한 현상은 이미 한두 해만의 경향이 아니다.

지구온난화의 영향

대기 대순환은 저위도의 상대적 과잉 에너지가 고위도의 상대적 에너지 부족 지역으로 이동하는 과정으로 기류와 해류의 합작으로 이루어진다. 기류와 해류도 서로 영향을 주고 받기 때문이다. 몬순, 태풍 등은 에너지를 이동시키는 주요한 기상 현상이다. 서로 다른 기류가 만나는 중위도, 즉 차가운 한대 기류와 더운 열대 기류가 상층부에서 만나서 만들어진 중위도의 한대 전선의 경계를 따라 위도에 평행하게 서에서 동으로 제트기류가 분다. 모두 대기 대순환의 일환이다. 기후변화는 이러한 대기 대순환에 영향을 미친다. 지구의 여러 곳에서 동시에 한발과 폭염과 홍수가 일어난다.

만약 석유의 채굴과 생산을 더 이상 할 수 없게 되면 에너지 사용이 줄어들고, 주요 산업이 감소하고 농업에 의존하는 인구가 늘면서 전체 인구가 줄고, 인간 개인의 평균적인 공간적인 활동 범위가 줄어들고 삼림이 재생된다면 지구온난화 현상이 줄어들까? 인간이 모두 사라진 지구를 다룬 'After People'이라는 드라마는 인간의 문명이 정지되면 급속하게 자연 생태계가 회복될 수 있음을 보여 준다. 아직까지는 지속적이고 강한 인간의 간섭 때문에 자연 스스로가 자연을 지키기가 쉽지 않다. 그 영향은 다시 인간에게로 돌아온다. 이미 세계 곳곳에서 기후난민, 환경난민이 발생하고 있다. 대책을 세우는 것보다는 작은 실천이 시급해 보인다.

지구온난화로 한반도의 겨울은 더 추워진다?

3한4온의 4온은 어디로 간 것일까?

우리나라의 겨울 날씨는 전통적으로 3한4온으로 대표되었다. 3한4온은 겨울철 기온의 주기적 변동 경향을 말하는 것으로 4한3온일 때도 있고, 2한5온일 때, 5한2온일 때도 있다. 다시 말해 반복적으로 추워지고 다소 따뜻해지는 경향을 보인다는 것이다. 차갑고 건조한 시베리아 고기압이 우리나라에 강하게 영향을 미칠 때가 3한에 속하고, 시베리아 고기압이 세력이 약해질 때가 4온에 속한다. 우리나라의 겨울은 이 패턴이 반복이 되면서 3한4온을 경험할 수 있었다.

"소한小寒 추위는 꾸어다가라도 한다."와 "대한大寒이 소한 집에 놀러 갔다 얼어 죽었다."는 속담이 있다. 소한은 추위가 절정으로 치닫는 오르막이고 대한은 상대적으로 절정의 추위에서 내리막에 있다. 대한 추위는 어느 정도 추위에 단련이 된 상태에서 맞이하기 때문에 상대적으로 소한 추위를 더 크게 느끼는 것이다. 소한부터 대한 사이의 대략 보름 기간이 겨울의 핵심이고 추위의 하이라이트라고 할 수 있을 것이다.

그런데 2010년 우리나라의 겨울은 말 그대로 매우 추웠다. 과거에는 더러

폭설로 통행이 금지된 잠수교

있었던 날씨이지만, 기후변화로 따뜻해진 겨울 날씨에 익숙해져 있다가 단단한 추위를 만난 것이다. 3한4온도 없고, 소한, 대한 가릴 것 없이 춥다. 기상청의 조사 발표에 따르면 2010년 12월 24일부터 2011년 1월 31일까지 39일간 한파가 지속되었다고 한다. 그러나 2011년 겨울은 다시 비교적 따뜻했고 강수량도 적은 날씨를 보였다.

북극 진동과 제트기류

이렇듯 2010년 겨울 유난히 추위가 지속된 원인으로 제트기류, 지구온난화 등이 거론되고 있다. 간단히 설명하면 지구는 태양 에너지를 받는 정도에 따라 적도가 매우 뜨겁고, 극지방은 매우 차갑다. 한쪽에서는 에너지가 넘치고, 한쪽에서는 모자란다. 따라서 지구 전체의 열수지 균형을 이루기 위해 적도의 과잉 열이 극지방으로 이동하게 되고 중위도 부근에서 균형을 이루

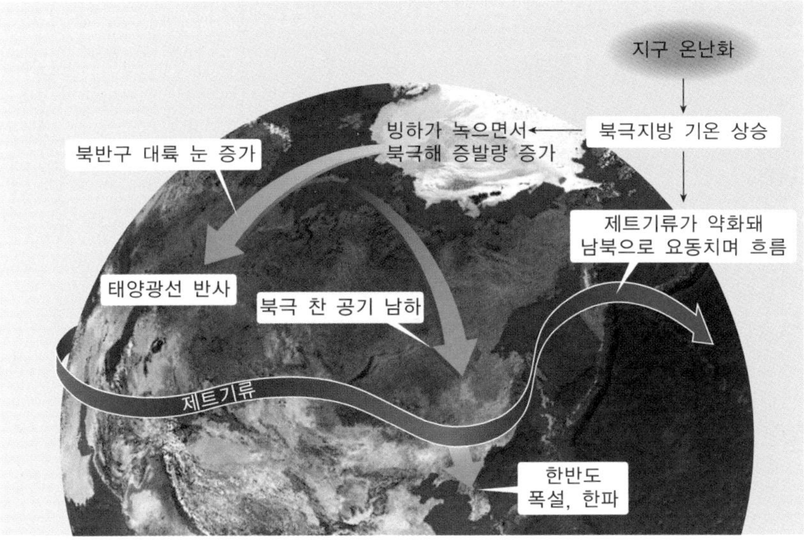

폭설과 한파를 몰고 온 북극 진동

게 된다. 기단으로 말하자면 뜨거운 열대 기단과 차가운 한대의 기단이 만나는 곳에 전선대가 형성된다. 기온과 기압의 차이가 매우 크게 나는 것이다. 이로 인하여 남북의 열 이동과 지구 자전에 의한 전향력남북의 방향이 수직이 아니라 동서 방향 자전의 영향으로 방향이 틀어짐, 그리고 마찰력 등으로 대략 서에서 동으로 부는 강한 바람이 생긴다. 이것이 제트기류이다. 제2차 세계대전 때 일본을 폭격하기 위해 고공으로 비행하던 미 공군 제트기에 의해 처음으로 발견되어 이름이 붙여졌다.

극지방의 차가운 기운이 남쪽으로 이동하면서 온도가 조금 올라가고, 적도에서 이동하는 열 에너지도 중위도와 고위도로 갈수록 점차 줄어들지만, 결국 차가움과 뜨거움이 엄청난 열의 차이, 기압의 차이를 만들고 이는 제트기류를 만들어 낸다. 그 차이가 심하면 심할수록 제트기류의 힘은 강해진다.

지구온난화의 영향으로 북극 지방이 평년보다 기온이 높다고 한다. 태양 복사 에너지를 많이 받는 적도로부터 가장 멀리 떨어진 북극은 남극보다는 덜 하지만 항상 추운 날씨가 나타난다. 그러므로 늘 고기압이다. 그러나 그 세력은 어느 정도 범위에서 커졌다, 작아졌다 한다. 이를 북극 진동Arctic Oscillation이라 한다. 그 세력의 크기가 변하기 때문에 진폭을 가진 진동이라고 표현한다. 같은 진동이라고 해도 진폭이 클 때도 있고 작을 때도 있는데 2010년 겨울의 한파는 진폭이 컸을 때와 시베리아 고기압 세력이 보다 강해진 시기가 겹쳐서 일어난 것으로 보인다.

알베도 효과와 제트기류

또한 알다시피 지구온난화로 북극해의 얼음이 녹아서 배가 다닐 수 있을 지경이고, 북극의 얼음과 툰드라의 얼음이 녹아서 호수도 생겼다. 얼음은 태양열을 반사하여 지표면의 냉각을 유지하지만, 얼음이 녹아서 물이 되거나 토양층이 드러나면 태양열을 흡수하여 지표면의 기온이 올라간다. 반사도Albedo가 줄어드는 것이다. 이러한 효과를 알베도 효과Albedo effect 혹은 알베도 환류Albedo feedback이라고 하는데 북극의 기온을 더욱 상승시키는 역할을 한다.

다시 제트기류 이야기로 돌아가면 극지방과 열대 지방 간의 에너지 차이가 줄어 기압 차이가 줄어들고, 상대적으로 제트기류가 약화되었다고 한다. 적도 지방의 더운 기운과 극지방의 찬 기운이 팽팽하게 맞서는 한대전선 상공에 위치한 제트기류는 북극의 찬 기운을 막아 주는 방어막이 되었는데, 제트기류의 힘이 약화되니 북극의 차가운 공기가 남쪽으로 밀려온다는 설명이다. 북극이 아무리 따뜻해졌다 하더라도 중위도의 기온보다는 월등히 차가운 것이다.

제트기류가 북극의 찬 공기를 잘 차단해 주면 우리나라는 시베리아 고기압의 확장과 약화에 따라 3한4온 현상이 반복되면서 약간의 추위와 약간의 풀림이 반복되면서 겨울을 나게 된다. 그러나 제트기류가 약해져서 북극의 찬 기류들이 지속적으로 우리나라의 상공을 덮고 있으니 추위가 계속되는 것이다. 또한 서에서 동으로 이동하는 제트기류는 히말라야 등 높은 산지를 만나면 곡류하면서 이동하는데, 우리나라 쪽으로 올 때 남쪽으로 방향을 틀면 북극의 한기가 더 잘 전달된다. 로스비 파Rossby wave 현상이다.

문제는 앞으로 이러한 경향이 더 자주 나타날 것이고, 이러한 북극 추위가 계속 전달되면 또 다른 새로운 기상과 기후의 양상이 나타날지도 모른다.

사실 겨울 추위는 병충해를 없애 주는 기능을 한다. 다음 해의 농사를 위해서라면 꾸어서라도 해야 하는 것이다. 또 겨울철 눈이 내리면 높은 산은 이 눈들을 겨우내 보존해 두었다 가문 봄날에 물을 공급해 준다. 겨울 추위와 겨울의 많은 눈은 다음의 봄과 여름을 예비하는 것이다. 또한 스키와 같은 겨울 스포츠를 즐기는 사람들은 때를 만난 것이다.

금세기 최악의 홍수, 파키스탄 홍수

홍수의 피해 현황

2010년 7월 말부터 약 한 달 동안 내린 몬순성 폭우로 인해 파키스탄에 홍수가 발생했다. 세계 홍수 역사상 드문 규모이다. 홍수가 길어지니 피해의 정도는 상상을 초월한다. 약 2000여 명이 사망하고, 이재민은 2000만 명에 달했으며, 국토의 약 1/5이 물에 잠겼다고 한다. 어떻게 이렇게 대규모의 홍수가 일어날 수 있었을까? 학자들에 따르면 인도양 해수면의 수온 상승과 증발량의 증가, 다수의 열대성 저기압 발생, 여름철 남서 몬순의 발달, 히말라야 계열 산지에 의한 지형성 강우, 인더스의 저평하고 평탄한 하천 지형, 수목이 없는 건조 지형의 식생 구조 등이 복합적으로 작용하여 이와 같은 대규모의 홍수가 발생한 것으로 판단하고 있다.

파키스탄의 지리적 조건과 사회적 배경

파키스탄의 지리적인 조건을 살펴보면서 홍수의 원인을 살펴보자. 파키스탄의 면적은 80만 3940km^2로 남한의 약 8배, 한반도의 약 3.6배에 달하는 큰 나라이다. 파키스탄은 북동–남서로 길게 늘어져 있다. 국토의 지형을 보

물에 잠긴 파키스탄

면 서부는 산지로서 술라이만 산맥, 아프가니스탄까지 뻗은 보다 높은 힌두쿠시 산맥, 북쪽의 카라코람 산맥이 있고, 동부는 인도와 국경을 이루는 타르 사막이 놓여 있다. 산지와 사막 사이에 인더스 강의 평원이 넓게 펼쳐져 있다. 힌두쿠시 산맥은 아프가니스탄과 경계를, 카라코람 산맥은 중국과 경계를 이룬다. 이러한 산맥들에서 나오는 여러 지류들이 모여서 인더스 강으로 합쳐진 후 인도 대륙의 서쪽 아라비아 해로 흘러든다. 인더스 강의 가장 긴 본류의 발원지는 사실 중국의 티베트 고원이다. 인도와 접경하는 북부의 히말라야 산맥에서 발원하는 인더스 강의 지류들은 인도와 중국에서 발원한다. 그리고 지류들의 일부는 인도와 분쟁을 하고 있는 카슈미르 지역을 통과한다. 그러나 인더스 강 유역의 대부분은 파키스탄에 속한다. 인더스 강은 세계 4대 문명[8]의 하나인 인더스 문명의 발생지이다. 인더스 강 중 · 하류

8 세계에서 문명을 먼저 발달시킨 4개의 문명을 말한다. 이들 문명은 모두 북반구에 위치하고 있으며, 강을 끼고 발달하였다. 티그리스 강, 유프라테스 강 유역의 메소포타미아 문명, 황허 강 유역

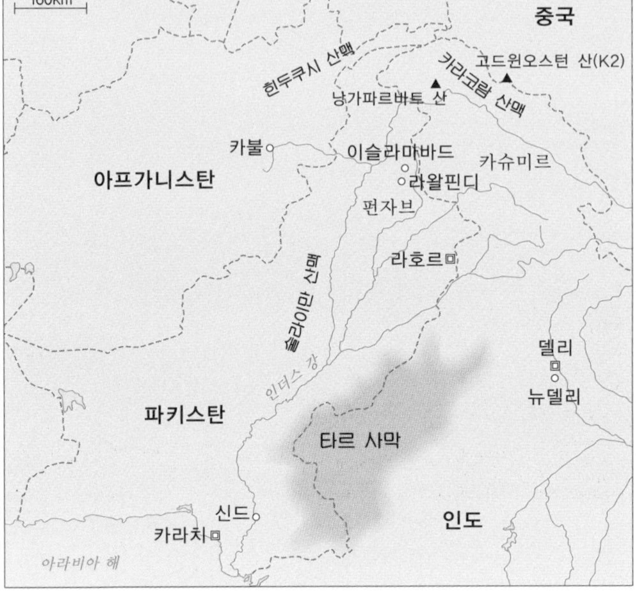

파키스탄의 주요 지형과 주변 지역

에는 유명한 모헨조다로 유적[9]이 남아 있다. 중국과 경계를 이루는 카라코람 산맥에는 유명한 K2봉8611m이 있고, 인접하여 남서쪽에 낭가파르바트 산8126m이 있다. 이들은 파키스탄의 영산이자 자존심으로, 히말라야 14좌 산봉에 속한다. 인더스 강은 티베트에서 발원하여 북서쪽으로 흘러서 K2봉과 낭가파르바트 산 사이를 가르면서 흘러 거의 90°를 꺾어 남류한다.

사실 인더스 강 유역은 반건조 지역으로 강수량이 매우 적다. 그러나 인더스 강 유역의 북부인 펀자브 지역은 산지의 여러 지류들이 모여들기 때문에

의 황허 문명, 나일 강 유역의 이집트 문명, 인더스 강 유역의 인더스 문명을 말한다.

9 모헨조다로는 '죽음의 언덕'이라는 의미로 인더스 문명권에서 가장 규모가 큰 문명으로 지금의 파키스탄 신드에 위치해 있다. BC 2500년경에 건설된 것으로 추정되며, 면적은 2.5km^2이나 당시에는 5km^2에 달했을 것으로 보인다. 철저한 계획에 의해 건설된 도시로 바둑판 형태의 배열을 보인다. 유네스코 세계문화유산으로 등재되어 있다.

풍부한 수자원을 바탕으로 넓은 평야가 펼쳐져 곡창을 이루고 있다. 따라서 파키스탄 인구의 절반 이상이 이 지역에 거주하고 있다. 파키스탄의 인구는 약 1억 6776만 명2008년에 이른다. 인더스 강을 더 내려가면 강폭이 매우 좁아진다. 그것은 서쪽의 술라이만 산맥이 인더스 강에 거의 인접하고, 동쪽에서는 타르 사막이 인더스 강을 압박하기 때문이다. 조금 더 남쪽에 모헨조다로 유적 부근에서 다시 하천의 범람원과 평원 지역이 넓어지면서 해안에는 파키스탄 최대 도시이자 해안 관문인 카라치가 위치한다.

파키스탄의 농업은 건조 지역을 흐르는 인더스 강의 비옥한 충적평야에서 이루어지는 관개 농업에 의존한다. 주요 작물은 밀, 쌀, 사탕수수, 콩, 면화 등이다. 고산지에 가까운 북부에서는 지형성 강우와 관개용 운하, 우물을 이용한 농업이 발달하여 인구 조밀 지역을 이루고 있다. 파키스탄 북부의 중심 도시인 라호르도 연강수량은 500mm가 채 안 된다. 그럼에도 봄철의 산지의 눈 녹은 물들이 흘러내리고 여름철 몬순성 강우와 지형성 강우로 내린 빗물들이 인더스 강으로 모여들어 라호르의 농경지를 적시고 인구를 부양한다. 거대한 산맥들은 녹색댐의 역할을 한다. 인더스 강은 나일 강처럼 하천 오아시스이고 많은 경작지와 그에 딸린 인구를 감당하고 있다. 그런 인더스 강이 홍수로 범람을 하니, 당연히 경작지와 주거지가 침수되어 많은 피해가 발생한 것이다.

인더스 강의 하구를 보면 간석지가 넓게 잘 발달되어 있다. 많은 퇴적물들이 유입되고 있다. 조차도 커서 8m를 넘어선다. 만조 시에는 바닷물이 역류할 수도 있다. 간조 시에도 하구와 해안의 퇴적물이 쌓이면 바닷물이 잘 안 빠질 수도 있다. 따라서 홍수의 원인을 정확히 파악하기 위해서는 해안 지형을 더 유심히 살펴볼 필요가 있다.

인더스 강과 인더스 계곡의 형성 역사는 알프스·히말라야 조산대의 판 구조론으로 설명된다. 인도 판이 북상하면서 유라시아 판을 밀어붙여서 히말

파키스탄 주변을 흐르는 인더스 강

라야 산지를 형성하고, 그 경계가 되는 곳은 저지로 남아 있다가 산지의 여러 퇴적물들이 강우 시에 내려와서 하곡에 쌓여서 거대한 평원을 형성하였다. 서쪽의 인더스 평원북부의 펀자브 평원을 포함과 갠지스의 힌두스탄 평원이 그 지역이다.

현재2010년 파키스탄의 일인당 GDP는 1050달러, 경제 성장률은 5.5%이다. 연도별로 파키스탄의 인구가 증가하는 비율을 보면 늘어나는 폭이 예사롭지 않다. 1년에 대략 350만 명의 인구가 늘어난다. 이는 식량 공급에 압박이 된다.

1947년 영국으로부터 독립할 당시의 수도는 파키스탄 최대의 도시인 해안의 카라치였다. 북부의 발전을 위하여 수도를 북부의 작은 도시인 이슬라마바드로 이전하였다. 행정 수도를 위한 계획 도시였다. 이슬라마바드 인근에는 오랜 역사를 가진 대도시로 라호르가 있다.

파키스탄은 현재 카슈미르 지역을 놓고 인도와 오랫 동안 영토 분쟁을 하고 있고, 서쪽 국경 지대에는 아프가니스탄의 난민촌이 있으며, 탈레반과 반목을 하고 있는 등 국경 문제로 어려움을 겪고 있다. 1947년 영국에서 독립하면서 인도와 분리되었고, 1971년에는 동파키스탄이 독립 전쟁을 일으켜 방글라데시로 완전한 국가 분리가 이루어졌다. 파키스탄의 북서부 아프가니스탄과의 접경 지역에는 아프가니스탄의 난민촌이 서 있어 탈레반과의 관계도 복잡하다. 경제적, 정치적, 종교적 등의 이유로 국민의 삶이 어려운 나라이다. 이러한 상황으로 인해 역사와 지리와 종교가 복잡하게 얽혀 있다. 홍수도 이번만은 아니다. 가끔 봄철에 기온이 너무 높아지면 높은 산의 눈이 갑자기 녹아 홍수가 나기도 한다. 그러나 이 경우에는 짧고 부분적이다. 판 구조론적으로 지진도 많다.

홍수의 발생 원인과 형태

다시 홍수로 이야기로 돌아가면, 그 가장 큰 원인은 결국 강수량이 많아진 것이다. 최근 전 지구적으로 해수면의 온도가 높아지면서 증발량이 많아지고 이로 인한 열대성 저기압, 태풍 등이 아시아 지역으로 북상하면서 거대한 산지들카라코람, 히말라야 등에 부딪쳐서 지속적으로 지형성 강우를 만들어 낸 것이다. 이렇게 내린 빗물들이 인더스 강의 여러 지류와 본류들로 모여들어서 펀자브 평원을 덮친 것이다.

여름이 되면 파키스탄에는 남서 몬순이 발달하여 아라비아 해의 수분을 파키스탄으로 공급한다. 더욱이 이 시기 러시아의 폭염과 산불에서 보듯이 건조한 고기압이 파키스탄 북쪽에 위치해 있고 아라비아 해에서 공급된 엄청난 수분을 가진 저기압들이 파키스탄으로 들어오면서 성질이 다른 두 공기 덩어리가 만나 전선이 지속적으로 형성된 것으로 보인다. 보다 상공에서는 편서풍인 제트기류들이 고기압성의 건조한 기류들을 계속 공급하면서 상공까지 거대한 전선을 형성시킨 것으로 본다.

건조 지역이라 식생이 별로 없다. 그나마 산지의 삼림들도 벌채와 농경지 개간으로 많이 사라졌다. 따라서 홍수가 발생하면 산간에서는 토사 유실이 많이 일어나고 이는 그대로 하천을 덮는다.

언론의 보도를 보면 경사가 상대적으로 급한 북부에서는 폭류의 형태로 많은 가옥, 도로와 교량 등을 파괴하였고, 남쪽의 저평한 평야로 가면서 넓은 농경지를 침수시켰다. 엄청난 강물들이 천천히 남류하면서 남쪽의 평원들도 물에 잠겼다.

태풍의 왼쪽과 오른쪽, 위험의 정도가 다르다?

2011년 우리나라에 피해를 준 태풍으로 제9호 태풍 무이파Muifa가 있다. 무이파는 마카오에서 제출한 태풍 이름[10]으로 '서양 자두 꽃'을 뜻한다. 서해안을 따라 올라온 무이파로 인해 4명이 사망하고 2명이 실종되었으며, 170여 가구가 침수되어 360여 명의 이재민이 발생했고, 무려 36만여 가구가 정전 피해를 입었다. 전라남도 완도군 보길도에서는 축구장 서른 배 크기의 전복 양식장이 폐허가 되었고, 신안군 가거도에서도 방파제의 절반이 파손되는 등 피해가 컸다.

여름철이면 어김없이 태풍이 우리나라에 찾아오고 비교적 짧은 시간에 많은 영향을 미치기 때문에 기상청을 비롯한 국가 기관들은 물론 국민들도 태풍을 예의 주시한다. 별다른 피해 없이 우리나라 주변을 지나는 태풍이 있는가 하면 무이파처럼 큰 피해를 주는 태풍도 있다. 태풍에 의한 피해는 그 이

10 2000년부터 북태평양 서부에서 발생하는 태풍의 이름은 아시아태풍위원회 14개 회원국에서 10개씩 제출한 이름을 순차적으로 사용하고 있다. 이 중 심각한 피해를 입힌 태풍의 이름은 다른 이름으로 대체되는데 2002년과 2003년에 우리나라에 큰 피해를 입혔던 루사(말레이시아)와 매미(북한)는 각각 누리와 무지개로 대체되었다. 우리나라에서 제출한 이름은 개미, 나리, 장미, 미리내, 노루, 제비, 너구리, 고니, 메기, 독수리 등이다.

동 경로의 영향이 매우 큰데 무이파처럼 서해안으로 접근하면 한반도 전역 혹은 남한 전역이 태풍의 영향권에 들게 되어 피해가 커진다.

태풍의 발생

태풍은 남·북위 5~20°의 열대 해상에서 발생한 열대성 저기압 중에서 중심 최대 풍속이 17m/sec 이상이고 강한 폭풍우를 동반한 것을 말한다. 태풍은 발생하는 지역마다 부르는 이름이 다른데 북태평양 서부에서 발생하는 것은 태풍typhoon, 북대서양과 카리브 해, 멕시코 만, 북태평양 동부 등에서 발생하는 것은 허리케인hurricane, 인도양과 아라비아 해, 벵골 만 등에서 발생하는 것은 사이클론cyclone, 필리핀에서는 바기오baguio, 오스트레일리아 북동부 해상에 발생하는 것은 윌리윌리willy-willy라고 부른다. 우리나라에 영향을 주는 태풍은 북태평양 서부에서 발생한 것으로 1년에 보통 2~3개 정도 영향을 미친다.

태풍은 열대의 따뜻한 해상에서 해수면의 온도가 27℃ 이상일 때 발생한

태풍 무이파의 영향으로 집채만한 파도가 가거도 항구를 덮치고 있다.

다. 이렇게 온도가 높은 해상에서는 바다에서 대기로의 열전달이 활발하게 이루어지므로 대기가 불안정해지고 거대한 상승 기류가 생긴다. 상승 기류는 주변의 공기들을 더 끌어들이고 바다로부터 계속해서 수증기에너지원를 공급받아 발달한다. 따라서 태풍은 육지에 상륙하면 바다로부터 에너지를 공급받지 못하기 때문에 자연히 그 세력이 약해져 소멸된다.

태풍의 이동과 위험 반원, 안전 반원

무이파의 발달과 이동 경로 등 상황을 파악하는 데 천리안 위성이 큰 도움이 되었다고 한다. 천리안 위성은 우리나라 기술로 개발한 최초의 정지궤도 위성[11]으로 2010년에 발사되었다. 그동안에는 일본의 MTSAT으로부터 정보를 제공받아 태풍의 움직임을 관찰해 왔으나, 보다 빠르고 정확하게 태풍의 움직임을 파악하게 된 것이다.

천리안의 위성 영상을 보면 무이파의 이동 경로를 한눈에 볼 수 있다. 태풍은 무역풍대에서는 북서진하다가 편서풍대로 진입하면서 북동진하게 된다. 그러나 무이파는 편서풍대에 진입한 뒤 북동진하다가 약간 서쪽으로 방향을 틀었다가 다시 북동진한 것을 알 수 있다. 우리나라를 지나는 태풍은 보통 동해를 통과하는데 무이파는 유동적으로 이동하다가 편서풍에 의한 방향 전환이 늦어지면서 서해를 통과한 것이다. 태풍은 북태평양 고기압의 가장자리를 따라 이동하는데 기상청에 따르면 평소보다 북태평양 고기압이 보다 남북으로 발달하여 동쪽으로 이동하지 못하고 서해를 통과한 것이라고 한다. 무이파는 서해를 통과해 북한 신의주에 상륙한 뒤 소멸되었다.

태풍은 저기압이다. 바람은 고기압에서 저기압으로 불게 되므로 저기압에

---

11 지구 3만 6000km 상공에서 지구의 자전 속도와 동일한 시속 11km로 지구를 도는 인공위성이다. 따라서 지구에서 인공위성을 바라보면 마치 정지해 있는 것처럼 보이므로 정지궤도위성이라고 부른다. 천리안 위성은 국내 기술로 만든 최초의 정지궤도위성으로 해양 관측, 기상 관측, 통신용 등 다목적으로 이용되고 있다.

태풍 무이파의 이동 경로(천리안 위성 영상, 기상청)

서는 공기가 모여들고, 고기압에서는 흩어진다. 저기압은 북반구에서 반시계 방향으로 회전하면서 공기가 모여들고 남반구에서 시계 방향으로 회전하면서 공기가 모여든다. 따라서 태풍의 회돌이 풍향과 그 지역의 일반풍의 풍향이 일치하는 곳은 태풍의 피해가 큰 '위험 반원dangerous semicircle'이 된다. 회돌이 풍향과 일반풍의 풍향이 반대되는 곳에서는 서로 그 힘이 상쇄되어 상대적으로 안전한 '안전 반원safety semicircle'이 된다.

우리나라로 태풍이 북상할 경우 서해안, 특히 서남 해안이 위험 반원에 드는 것이 문제이다. 우리나라가 위치한 편서풍대에서는 태풍의 중심을 기준으로 동쪽에서는 서쪽에서 동쪽으로 회돌이를 하는데 이곳에서는 편서풍의 풍향과 일치되면서 태풍에 의한 피해가 커진다. 따라서 태풍이 서해로 지나가면 우리나라의 많은 지역이 태풍의 중심의 동쪽에 놓이게 되므로 위험 반원에 속하게 된다. 특히 무이파는 순간 최대 풍속이 40m/sec에 달할 정도로 바람이 강했던 태풍이어서 위험 반원에 속한 서남 해안에서 강풍에 의한 피해가 많이 났다.

지구온난화와 태풍의 위력

무이파의 지름은 약 500km 이상으로 그 영향 지역이 넓은 편이었다. 태풍의 영향에 드는 지역이 넓다 보니 많은 피해를 입게 된 것이다. 일부에서는 이동 속도가 느려 우리나라에 오래 영향을 미쳤기 때문이라고도 한다. 그러나 이동 속도가 다소 느렸던 것은 사실이지만 우리나라에 도착할쯤에는 여느 태풍의 이동 속도와 다르지 않았다.

태풍이 지나가고 나면 피해 상황이 속속 집계되고 복구가 이루어진다. 무이파로 피해를 입은 지역에 대해서 통신사들이 한 달간 통신 요금을 감면해주었다고 한다. 정부 당국도 많은 비용을 투입하여 복구에 힘썼다.

과학기술이 발전하고 태풍의 경로가 예상 가능해지면서 인명 피해는 과거에 비해 많이 줄어들었지만 그래도 인간이 무시무시한 자연의 힘을 당해낼 수는 없다. 앞으로 지구온난화가 가속화되고 해수의 온도가 상승하면 태풍의 위력은 더욱 강해질 것이라고 한다. 태풍의 형성 원리를 생각해 보면 충분히 일리가 있는 주장이다. 지구온난화에는 인간의 책임이 크다. 특히 선진국이나 부유층의 책임이 더욱 그러하다. 그리고 그 결과가 자연재해로 다시 인간을 위협하고 있다. 최소한 삶의 터전을 지키기 위해서라도 더 늦기 전에 지구온난화를 막고 지구와 상생하기 위한 노력이 필요하다.

기차도 감아올리는 바람 소용돌이, 토네이도

무시무시한 토네이도의 위력

2011년 4월 14~17일 미국에서 발생한 토네이도로 최소한 4명이 사망했다. 며칠 뒤인 4월 27일부터 불기 시작하여 29일까지 발생한 토네이도로는 무려 313명의 사망했고, 엄청난 물적 피해도 뒤따랐다. 토네이도는 강력한 깔때기형 대형 회오리바람이다. 주로 미국 중남부의 거대하고 저평한 미시시피 강 유역에서 잘 발달한다. 원래 텍사스, 오클라호마 등 미시시피 강의 서쪽 유역Tornado Alley에서 주로 발생했는데, 이번에는 미시시피 강의 동쪽 유역에서도 대규모로 발달하여 토네이도 딕시 앨리Tornado Dixie-Alley라는 명칭을 얻었다.

앨리Alley는 영어로 좁은 골목길을 뜻하는데 토네이도의 주된 행로를 의미한다. 볼링장에서 공이 지나가는 통로, 레인lane도 앨리라고 하는데, 볼링공이 휩쓸고 가는 모습이다. 딕시Dixie는 흔히 미국 미시시피의 동남부 지역을 일컫는 말로 이 지역을 딕시랜드Dixieland라고 부르기도 한다. 딕시는 원래 루이지애나 은행에서 발행한 10달러짜리 앞면에 프랑스어로 10을 뜻하는 딕시를 적은 데서 비롯된 이름이다. 원래 루이지애나를 비롯한 미시시피 강 하구는 프랑스의 식민지로 프랑스 어원의 지명이 많이 남아 있다.

토네이도의 발생과 규모

토네이도는 지상 수백 미터 상공에서 깔때기 구름funnel cloud 형태로 발생하여 이 깔때기가 지표로 내려오면서 빠른 속도로 지표 상의 모든 구조물과 생물들을 하늘로 휘감으면서 이동한다. 토네이도의 구조는 상공의 차고 습한 공기가 수직으로 하강하고, 이러한 공기 기둥을 따뜻하고 건조한 공기들이 반시계 방향으로 휘감으면서 솟아오르는 구조이다. 우리나라에서 일어나는 소규모 회오리도 사실 원리는 비슷하다. 바다에서도 일어나는데 이를 용오름waterspout라고 한다. 우리나라 근해에서도 가끔 보인다. 그러나 육지의 토네이도처럼 깔때기 안팎의 기압 차이가 심하지 않고 바람도 비교적 부드러운 편이다.

구름에서 내려오는 소용돌이

토네이도는 중위도와 아열대 지역에서 잘 발생하는데, 특이하게도 90% 이상이 미국에서 발생한다. 세계 최강대국 미국도 해결할 수 없는 원초적인 자연재해이다. 발생 원인과 과정이 정확히 밝혀지지는 않았지만, 대략 북극의 제트기류한대 제트기류와 보다 남쪽의 태평양 제트기류아열대 제트기류에 의해 상공에는 차고 습한 공기가 로키 산맥을 넘어서 미국 동부의 미시시피 강 유역으로 들어오고, 이 지역에 머물고 있던 건조하고 따뜻한 지표 상의 공기가 만나 수직으로 발달하는 강력한 저기압이 만들어져서 발생하는 것으로 보고 있다. 혹자는 이러한 덥고 건조한 지표 상의 공기를 미국 남서쪽의 소노라 사막에서 다가온 것으로 보기도 한다. 이번에 발생한 토네이도가 강력해진 것은 태평양에서 다가온 상층 기류가 더욱 차고 습해졌기 때문인데, 이는 태평양 상의 라니냐 현상에 의한 것으로 본다. 라니냐는 엘니뇨의 반대 현상으로 정상적으로 해저에서 차가운 해류가 해수면으로 올라오는 용승 현상이 더욱 활발해져 표층 해수가 더욱 차가워지는 현상을 말한다. 라니냐가 발생하면 해안의 공기는 더욱 건조해지고, 주변 지역도 보다 심한 건조에 시달린다. 반대로 엘니뇨가 발생하면 차가운 해류가 해안으로 올라오지 못하여 상대적으로 해안 지역은 따뜻하고 습해진다.

지금까지 알려진 토네이도의 발생 과정을 살펴보면 다음과 같다. 같은 방향으로 부는 바람이라도 마찰이 없는 상층의 바람이 지표면의 바람보다 속도가 빠르다. 따라서 상층의 강한 바람이 지표층의 느린 바람과 같이 움직일 때 상층의 바람이 지표층 바람쪽으로 휘어진다. 즉 지표면과 평행하게 바람의 방향대로 수평축을 따라 회전이 발생한다. 이렇게 지표면과 평행하게 구르는 바람이 상승 기류를 만나 솟아오르면서 수직으로 일어서게 되고 수직 상승하는 회오리바람이 된다.

토네이도는 봄철에 자주 발생한다. 그것은 봄철에 상층과 하층의 대조적인 기류들이 동시에 잘 발달하기 때문이다. 토네이도는 하루 중에서도 지표

오클라호마 주, 애너다코에 발생한 토네이도

면이 최대로 가열되는 오후에 잘 발생한다. 미국에서, 그것도 미시시피 강 유역의 대평원 지역에서 더욱 잘 발생하는 이유는 남북으로 이러한 바람을 저지할 산지가 없기 때문이다. 광활한 평야에서 서로 다른 공기층들이 직접 부딪히는 지형적인 조건이 한몫하는 것이다. 겨울이 되면 북쪽의 찬 기류를 그대로 남쪽으로 밀고 내려오는 지형 구조이다.

일반적으로 토네이도는 평균 지름이 400m이고 회오리바람이 하강하는 중심부와 상승하는 주변부의 기압이 무려 100mb까지 차이 난다. 이러한 극심한 기압 차이는 강한 바람을 가져오는데, 최대 풍속이 시속 480km에 달한 토네이도의 기록이 있다. 이번 토네이도는 최대 풍속이 시속 160km에 이르렀다. 지표 상의 이동을 보면, 일반적으로는 보통 남쪽에서 북쪽으로 이동하는데, 중심에서부터 50m 폭 범위에서 가장 큰 피해가 일어나고 평균 지름은 150~600m, 평균 시속 40~80km의 속도로 이동한다. 물론 직선보다는 약간씩 방향을 틀면서 비틀거리는 모습으로 이동한다. 따라서 가까운 곳에서라도 이동 경로를 쉽게 점치는 것이 어렵다. 기록으로 보면 폭 1.5km, 시속 95km, 최대 8시간 동안 존속한 토네이도도 있다.

토네이도의 강도

토네이도의 강도는 토네이도의 피해를 기준으로 정한 후지타 규모Fujita Scale: F를 주로 사용하였으나, 최근에는 풍속과 피해 규모를 반영한 개선된 후지타 규모Enhanced Fujita Scale: EF를 사용한다. 후지타 규모는 토네이도 최고 권위자였던 시카고 대학의 시어도어 후지타Theodore Fujita, 1920~1998년 교수의 이름을 딴 것이다. 개선된 후지타 규모는 EF 0에서 EF 5까지 6단계로 나뉜다. 단계별로 보면 EF 0은 돌풍의 속도가 29~38m/sec, 경미한Light, EF 1는 39~49m/sec, 보통의Moderate, EF 2는 50~60m/sec, 강한Considerable, EF 3은 61~74m/sec, 심각한Severe, EF 4는 75~89m/sec, 대규모 파괴적인Devastating 이다. EF 5는 90m/sec 이상으로 믿을 수 없는Incredible 규모이다. 일반적으로 사용하는 형용사들로 규모를 표시한다. 2011년 4월 27~29일 동안 발생한 토네이도의 강도는 최고 수준인 EF 5 규모였다. EF 5 규모에서는 '잘 지어진 집들이 주춧돌에서 분리되어 완전한 파괴가 일어나기 전까지 상당한 거리를 이동하고, 나뭇가지들이 제거되고 자동차 크기의 물체들은 미사일처럼 100m 정도로 날아간다'고 한다.

토네이도, 피하는 게 상책!

언론을 통해 보도되어 우리에게도 잘 알려진 미국의 토네이도는 해마다 평균 60명 정도의 사망자가 발생하는 자연재해이다. 한 해에 보통 1000건 이상 토네이도가 발생하는 미국이지만 2011년에는 그 강도가 유난히 심하였다. 이것도 지구온난화의 영향일까? 앞으로 더 지켜보아야 할 것이다.

미국의 토네이도는 알고 있어도 막을 수 없는 말 그대로 자연재해이므로 미리 알고 피하는 것이 상책이다. 따라서 예보가 매우 중요하다. 피할 때는 토네이도의 진행 방향과 직각으로, 즉 진행로에서 벗어나는 방향으로 달아나야 한다. 아니면 집안에 지하실을 만들고 대피해야 한다. 토네이도 앨리에서는 지하실을 필히 만들어야 한다. 그것이 어렵다면 집 중앙의 가장 낮고, 튼튼하고 무거운 구조물 아래로 숨어야 한다. 사정이 더 여의치 않으면 조금 깊은 곳에 엎드려야 한다. 산지가 많은 우리나라에서는 경험하기 힘든 재해이다.

2

땅과 바다를 담은 지리 교실

수십만 마리의 전복들은 왜 갑자기 죽었을까?

비와 바닷물의 염도

바닷물은 짜다. 강이나 호수의 물처럼 짜지 않은 물, 즉 염분이 없는 물을 민물fresh water, 담수이라고 한다. 바닷물의 염도는 보통 약 35‰[1]이지만 항상 일정한 것이 아니고, 바다마다도 다르다. 2011년 여름에는 유난히 비가 많이 내렸다. 장마와 폭우가 연일 계속되면서 전국 대부분의 지역에서 최다 강수량 기록이 갱신되었다. 기상청에서 분석한 자료에 따르면 6월 22일부터 8월 10일까지 50일간의 누적 강수량을 분석한 결과, 대부분의 지역에서 같은 기간 평년 강수량의 약 2~3배, 즉 연평균 강수량과 비슷한 양이 내렸다. 서울에서는 이 기간 1608.8mm의 비가 내려 104년만에 가장 많은 양을 기록했는데 이는 서울의 연평균 강수량인 1450.5mm보다도 많은 양이었다. 어마어마한 양의 민물이 한꺼번에 바다로 흘러들어 간 셈이다. 이렇게 되면 해안 가까이에 있는 바닷물의 염도는 낮아진다. 전라남도 동부 해역에는 저염분 주의보가 발령되기도 하였다.

---

1 바닷물의 농도는 퍼밀(‰)로 나타내는데 바닷물 1kg에 들어 있는 소금의 양을 의미한다. 바닷물 1kg에 염분이 35g 녹아 있으면 35‰로 나타낸다.

전복이 떼죽음을 당했다

많은 양의 민물이 바다로 유입되면서 피해도 발생하였다. 2011년 장마에 섬진강으로 흘러든 많은 빗물들이 전라남도 광양만에 있는 전복 양식장을 덮쳤다. 지리산 둘레에 내린 엄청난 빗물이 급경사를 이룬 섬진강을 따라 광양만으로 흘러들어 간 것이다. 55만 마리의 전복이 폐사해 수십억 원의 피해가 났다. 염도에 민감한 전복들이 갑자기 묽어진 물에 질식사한 것이다. 보통 바닷물의 염도는 35‰인데 민물의 유입으로 27‰에서 최저 21‰까지 염도가 떨어졌다고 한다. 전복뿐만 아니라, 수십만 마리의 양식 장어도 떼죽음 당했고, 염전에서는 염도를 맞추어 가두어 놓은 바닷물은 물론 수확해 놓은 소금까지 모두 내린 비와 불어난 물에 녹아 바다로 흘러갔다고 한다.

경상남도 사천만도 이러한 양식장 피해를 입어 왔다. 진주 지역의 홍수 피해를 줄이기 위해 설치한 남강댐과 진양호는 경상남도의 젖줄이 되는 중요한 수자원이다. 진양호의 수위가 높아지면, 오로지 배수만을 위해 만든 가화

바닷물의 저염화로 인해 폐사한 전복(충청일보)

진양호의 방수로인 가화천 수로

천 수로를 통하여 사천만으로 물을 빼낸다. 이렇게 남강댐이 건설되고 사천만 쪽으로 방류를 시작한 이후 매해 사천만의 양식장들은 낮아진 염도로 피해를 입어 왔다. 사천만 사람들이 진주시에 항의를 했다는 기록도 있다. 가화천 수로가 개통되기 전에는 진양호의 수위가 높아지면 그대로 낙동강으로 방류하여 진양, 함안, 의령 등 범람원의 농경지들이 자주 물바다가 되었는데, 이를 피하기 위해 가화천 수로를 만든 것이다. 많은 물이 흐를 때의 방수로인 가화천의 물살은 상당히 빨라서 하천의 침식도 많이 일어난다.

바닷물화 된 호수

염도에 관한 것으로 강릉의 경포호는 앞에서 이야기한 것과 반대의 경우이다. 경포호는 동해안의 많은 석호lagoon들 중 하나이다. 경포호 외에도 화진포호, 송지호, 영랑호 등이 석호로 유명하며 모두가 관광지로 경치가 아름답다. 석호는 바다로 흘러가던 물길이나 만입하는 물길이 해안에 퇴적되는 모래에 막혀서 호수가 된 것이다. 경포호는 2004년 수질 오염을 완화시킬 목

파래에 덮인 경포호

적으로 바닷물을 막던 보를 터서 바닷물과 통하도록 했다. 이렇게 할 경우 염도가 높아져서 호수의 생태계가 바다 생태계와 비슷해진다. 최근에는 경포호로 유입되는 담수가 줄어들자 염도가 높아져 파래가 서식하고 바닷물에서 사는 물고기가 잡히기도 했다.

비슷한 경우로 시화호도 오염이 심해지자 이를 막기 위해 바다와 통수가 되도록 하였고 그 결과 염도가 높아졌다. 오염은 어느 정도 해결되었지만 시화호는 거의 바닷물이 되어 호수라고 부르기가 민망해졌다. 시화호 주변에서는 조수의 차를 이용한 조력 발전소를 짓고 있으며, 2011년부터 일부 발전기에서 전기를 생산하고 있다. 현재 새만금호도 폐쇄된 호수로 들어오는 많은 육상 오염물을 정화할 방안이 없어 바닷물과 통수되도록 하고 있다.

양식과 환경 오염

해산물은 아주 먼 옛날부터 인류의 주요 단백질 공급원이었다. 그러나 인구가 증가하고 소득이 증가함에 따라 식습관이 변하면서 해산물의 수요가 늘어나니 소위 자연산으로는 그 수요를 감당하기 부족하여 양식이 필수가 되었다. 삼면이 바다인 우리나라 사람들도 양식으로 길러진 해산물을 많이 섭취한다. 통계청의 발표에 따르면 2008년 연간 1인당 수산물 소비량이 약 30년 전인 1980년과 비교했을 때 103.3%나 증가했다고 한다. 이러한 증가가 비단 우리나라에만 국한된 것은 아닐 것이다.

양식은 당연히 관리가 필요하므로 접근이 용이한 해안 가까이에 위치한다. 입지상 폭우 시에 육지에서 유입되는 민물의 피해에 쉽게 노출되는 것이 문제인데 양식장 자체가 오염원이 되니 또 다른 문제가 발생한다.

강물이 바다로 들어오면 영양 물질과 함께 토사도 유입된다. 바닷가의 모래와 갯벌의 많은 부분이 육지에서 내려온 토사에 그 기원을 두고 있는 것이다. 사실 이것이 바다와 강의 순환의 균형이다. 바다와 강을 함께 다니는 물고기들도 더러 있다. 연어도 그중의 하나이다. 바닷물과 강물이 만나는 곳, 강의 하구 등 담수와 염수의 중간 염도를 가진 기수역汽水域, brackish water zone[2]도 중요한 생태계이다. 그런데 최근 하구둑과 간척에 의해 우리나라의 기수역들이 많이 사라졌다.

장마와 폭우 등으로 민물이 많아지면 일시적으로 바다의 염도 분포도가 달라진다. 양식을 하는 사람들은 관련 기관의 협조를 얻으면서 일기예보에 유의하는 한편, 평소보다 조금 일찍 수확하는 등의 방법을 통하여 폐사와 같은 피해를 예방할 수 있을 것이다. 장마도 어쩔 수 없고, 양식도 어쩔 수 없다. 한집에 소금 장수와 우산 장수가 함께 하는 이치와 같다.

---

2 강물이 바다로 들어가 바닷물과 섞이는 곳을 말한다. 이곳은 염도가 다양하게 나타나기 때문에 광범위한 염분 농도에 적응할 수 있는 생물들이 살고 있다.

해운대 비상! 이안류를 막아라

이안류란?

2008년, 해운대에 이안류離岸流, rip current가 발생했다. 삼면이 바다와 면한 우리나라의 그 많은 해안에서 왜 유독 해운대에서만 이안류가 나타날까? 아니면 다른 곳에서도 발생하였는데 우리가 인식하지 못할 것일까?

이안류는 모래 해안사빈 해안에서 사빈으로 몰려든 물이 퇴적되어 있다가 갑자기 해안선과 직각을 이루며 해안 바깥으로 빠른 물길을 만들어 흘러 나가는 해류로 사실 어느 모래 해안에서나 발생할 수 있다. 그 기본적인 원리를 보면, 파도의 힘으로 인해 해안으로 밀려든 물들swash이 한쪽으로 몰려서 빠르게 나가는 것인데, 왜 넓은 바다에서 한쪽으로 모여서 나가는 것일까?

해수욕장을 보면 멀리서 다가오는 바닷물이 해안 가까이 오면서 파도로 하얗게 부서지는 부분이 있다. 멀리서 오는 파도는 이 부분에서 아직 남아 있는 파랑의 힘을 분산시키는데, 위로는 하얗게 부서지고 물 밑 바닥에서는 운반해 온 모래를 퇴적시켜 둔덕을 만든다. 해안선과 평행하여 길게 늘어진 이러한 둔덕을 사주沙洲, sand bar라고 한다. 파랑의 힘으로 사빈에 닥친 물들이 도로 흘러 나갈 때backwash, 흘러 나가는 물들 중 일부는 물 밑에 잠겨 있

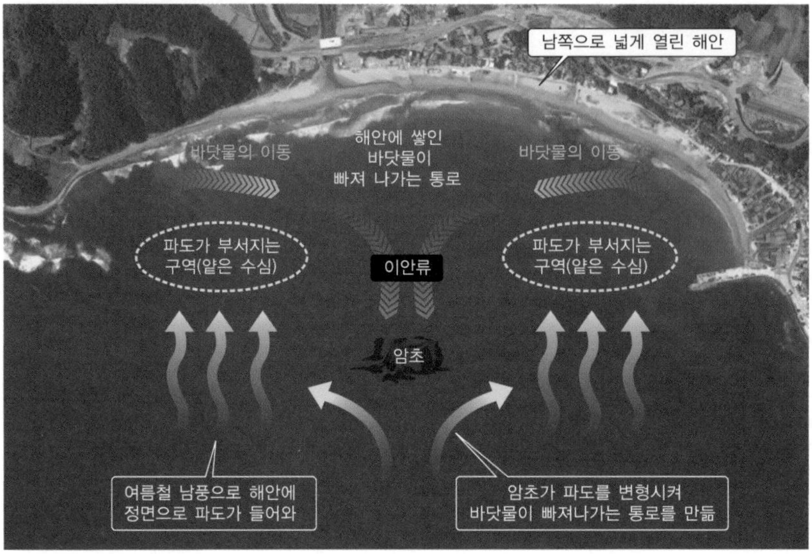

해운대에 발생한 이안류 모식도

는 사주에 의해 막히게 된다. 따라서 물들이 바다로 나가지 못하고 쌓이게 된다. 그러다 물의 힘을 견디지 못하고 사주의 어느 약한 부분이 터지면서 물이 갑자기 빠져나가는데, 이때 인접한 물들이 이 출구를 이용하여 외해로 흘러나간다. 많은 물이 갇혔다가 좁은 틈으로 나가므로 당연히 그 흐름이 매우 빠르다. 이러한 이안류는 바닥의 모래를 훑어 깊게 파면서 수로를 만들어 나가게 되고 이때 형성된 통로는 상당한 시간 동안 이안류 통로로서 기능하게 된다권혁재, 1971. 이후 외해보다 더 먼 곳까지 흘러간 물 덩어리는 드디어 분산되면서 이안류는 소멸한다. 오래전에 발견되고 확립된 이론이다. 알려진 바에 따르면 이안류가 형성되면 사빈과 물 밑의 사주 사이를 흐르는 연안류沿岸流, longshore current; 해안 가까이에 평행하여 흐르는 해류로 바람의 방향에 영향을 많이 받고, 모래와 같은 퇴적물들을 해안을 따라 운반하는 기능을 함로부터 물을 공급받아서 보통 2~3분간 지속된다. 길게는 1시간까지도 지속되는 경우가 있다고 하며, 세계의 많은 모래 해안에서 발생한다.

이러한 이안류 통로의 위치는 모래의 집적으로 이루어진 쇄파대breaker zone; 파도가 하얗게 부서지는 부분 사주의 일부분이다. 이 부분은 이안류가 발생한 후에는 다시 메워지고, 또 다른 부분이 이안류의 통로가 되기도 하는데, 이는 모래의 움직임이 매우 유동적이기 때문이다. 한편 이안류는 연안의 모래들을 멀리 외해로 운반시키는 작용을 한다. 특히 보다 가벼운 모래 입자들을 외해로 운반시키는 역할을 한다. 어쩌면 해운대의 모래들을 멀리 외해로 유실시키는 기능을 하는지도 모른다. 해운대에서는 해마다 사라지는 모래들을 인위적으로 채우기 위한 노력들이 이루어지고 있다. 이러한 해안은 해운대 외에도 있다.

이안류의 발생 원리와 해운대에 적용

이안류는 1941년 미국의 해안 지형학자들에 의하여 그 존재가 학회에 알려지고Shepard et al, 1941, 1951년에는 그 구조와 원리가 밝혀졌다Shepard, 1951. 미국의 연구에 자극을 받았는지, 1945년 이후에는 당시 소련 학자들에 의해서도 집중적으로 연구되었다. 미국 학자들에 의한 캘리포니아 해안에서의 연구를 보면Shepard et al, 1941, 이안류가 만들어지는 곳해안선 인접한 곳, 즉 이안류 목neck의 폭은 약 15~30m 정도였고, 외해로 나가서 보다 커진 이안류 머리head는 약 300m에 이르렀다. 그 속도는 시속 약 3km, 즉 초속 103cm초당 약 1m로 강력했다. 1분 만에 70m를 흘러 외해로 나가 버리는 것이다Shepard et al, 1941; Zenkovich, 1967에서 재인용. 이렇게 속도가 빠르기 때문에 수영하는 이들은 쉽게 이안류에 휩쓸리게 된다. 위험한 것이다.

이안류가 발생하는 해안선을 자세히 보면 굴곡져 있다. 이안류 목에 해당하는 부분의 해안선은 외해로 약간 돌출해 있는데Shepard et al, 1941; Fairbridge, ed. 1968에서 재인용, 돌출한 부분의 수를 보면 이안류 발생 지점의 수를 대략 알 수 있다. 이안류는 외해로 나가 이안류의 머리 부분에서 소용돌이를 치기도 한다. 이안류 목과 마찬가지로 위험하다.

앞에서 살펴본 이론에 따르면 해운대에 이안류가 발생하는 이유는 파랑의 힘에 의하여 해안선과 가까운 물 밑에 해안선에 평행하게 사주가 만들어지고 그것이 사빈에서 흘러 나가는 물을 막기 때문으로 추정할 수 있다. 모래가 밀려들되 해안선으로 올라오지 못하고 바로 앞 물밑에서 긴 둔덕을 만드는 것이다. 물론 연안류를 통하여 이안류 목으로 많은 물이 공급된다. 이렇게 고여 있던 물은 외해로 나갈 때 사주의 어딘가를 뚫고 해안과 직각을 이루며 빠른 속도의 물길을 만들며 흘러 나간다. 이때 상당한 모래들이 해안에서 유실된다.

인공적인 요인에 의해서도 이안류가 발생한다Silvester, 1974; 프렌치, 2007에서 재인용. 예를 들면 해안선에 수직으로 방파제가 조성되면 해안선을 따라 평행하게 흐르는 연안류가 방파제를 만나 직각으로 꺾이게 된다. 이렇게 꺾인 연안류는 방파제 벽을 따라 외해로 흘러 나가면서 역시 깊은 물길을 만들게 된

해운대에 발생한 이안류를 따라 사람들이 떠내려가고 있다.

다. 이 물길을 통해 물이 빠른 속도로 빠져나가면서 이안류가 발생한다. 이때 이안류를 따라 사빈의 모래가 외해로 많이 유실된다. 특히 폭풍 등에 의해 강한 파랑이 발생하면 이안류의 힘은 더욱 강해지고, 모래는 더 많이 외해로 나가 버린다.

이안류는 부정기적으로, 정확히 고정된 위치 없이 발생한다. 하지만 해안선의 구조해안선, 사주, 연안류를 살펴보면 이안류의 발생 가능성을 어느 정도 예상할 수 있을 것이다. 해운대의 해안에 뭔가 새로운 영향이 미치고 있음이 감지되고 있다. 연안류와 파랑의 흐름에 변화가 생기면서 이안류가 발생하는 것이다.

미국의 연구 중에 맑은 연안류 속에 섞인 일부 탁류가 이안류로 흘러 나가면서 항공 사진에 뚜렷이 잡힌 것이 있다. 해운대에서도 생태적으로 안전한 탁류를 일부 만들거나 눈에 잘 띄는 물감을 연안에 풀어서 이안류의 흐름을 관측할 수도 있을 것이다. 그리고 긴 해안선을 가진 우리나라의 다른 해안에서도 이안류가 발생할 가능성이 상당히 있으므로 다른 해안에 대한 연구도 함께 이루어져야 한다. 조심스럽기는 하지만 해운대의 이안류는 사람들이 떠내려가는 모습으로 그 폭과 길이를 대략 알 수 있다. 대략의 조사는 사진 분석으로 가능하다. 이안류가 흐른 곳의 수심에 대해서도 확실한 조사가 필요하다. 현재의 기술 장비로 볼 때 어려운 일은 아니다.

기상청에서 다음과 같은 질문의 답을 찾기 위한 조사를 실시한다고 한다. 해안선에 울퉁불퉁하게 굴곡이 있는가?어느 정도 육안으로 관찰 가능 해안선과 가까운 바다, 쇄파대 물 밑의 사주들이 해안을 따라 평행하게 발달하고 있는가? 해안선과 사주 사이의 통로를 따라 연안류가 많이 흐르고 있는가? 사주를 뚫고 나가는 이안류 통로들은 몇 곳인가?해운대는 6곳 정도로 추측된다 이안류가 흘러가는 위치와 시간에 따른 변화는 어떠한가? 연안류의 폭과 길이는? 연안류에 의하여 파인 수로의 깊이는? 수면 아래 모래층의 경사도는? 여기에 더한다면 이안류에 의하여 외해로 빠져나가는 모래의 양은? 등이다. 이러한 연구는 국토해양부와 해안·해양 관련 연구 기관에서도 가능하다.

이안류의 원인으로는 인위적인 요인과 함께 남해안과 동해안의 전체적인 해류의 흐름도 영향이 있을 것이다. 혹시 해수면 상승과도 관계가 있을지도 모른다. 주기적인 정밀 항공 사진, 위성 사진 분석으로도 어느 정도 예상이 가능할 것으로 본다. 더러는 연안의 해저 지형도도 만들어져 있다. 이를 통해 사주가 뚫린 부분을 확인할 수 있다. 사실 이안류를 확인하기 위한 자료와 단서들은 이미 나왔던 것이다.

지구온난화로 바닷가의 모래들이 사라진다?

바다가 삼켜버린 땅

지구온난화를 막기 위하여 이산화탄소의 배출을 줄이고, 에너지 사용을 줄이고, 대체 에너지를 개발하고, 환경친화적 도시와 농업을 개발하고…. 많은 논의와 노력이 있지만 지금 이 순간에도 지구의 온도는 올라가고 있고, 빙하는 녹고 있으며 해수면은 상승하고 있다.

해수면이 상승하면 주로 인도양과 태평양의 열대 및 아열대의 섬나라들이 먼저 피해를 입는다. 심하면 국가가 사라질 수도 있다. 투발루, 통가, 팔라우, 몰디브 등의 국가들이 이러한 위험에 처해 있다. 이들 지역은 지구온난화에 따른 해수면 상승 효과와 더불어 고위도 해양에 비하여 수온이 높아 물분자의 팽창에 의한 해수면 상승 효과가 더해진다. 지구온난화로 태풍의 위력이 더욱 강해지면 그 영향으로 파랑에 의한 침식이 더욱 활발히 일어나고, 결국 섬이 사라진다. 9개의 섬으로 이루어진 투발루는 이미 1999년 한 개의 섬이 바다 속으로 사라졌고, 급기야 2001년 투발루 정부는 '국토 포기 선언'을 하였다. 대륙 쪽에서는 국토의 80%가 해안의 삼각주로 이루어진 방글라데시와 같은 나라들의 피해도 심하다. 이들 국가는 선진국과 신흥공업국 모두에 대해 탄소 배출을 대폭 감축하기를 원한다. 그러나 이들은 힘이 없어 국제 여론에 호소할 뿐이다.

보다 강해진 해안 침식

중위도에 위치한 우리나라 해안은 지구온난화로 인한 해수면 상승의 영향이 없을까? 저위도와 비교하면 상대적으로 그 영향이 크지 않지만 당연히 영향은 있다. 서해안은 만조와 간조의 차이, 즉 조석 간만의 차이가 심하다. 서해의 경기만의 조차는 세계적인 수준이다. 그런데 해수면이 상승하면 만조시에 파랑의 힘이 모래 해안의 보다 깊은 곳까지 영향을 미쳐 더 많은 모래를 침식시키고, 모래 해안의 뒤쪽에 있는 기반암 지형까지도 침식시킨다. 물론 새롭게 침식된 기반암은 일시적으로 사빈에 새로운 모래를 쌓아 줄 것이다.

동해안은 간석지나 간척지가 거의 없기 때문에 파랑의 힘이 해안에 직접

사빈의 모래 유실(변산반도 일대)

닥친다. 그만큼 침식도 강하게 일어나고, 모래를 퇴적시키는 힘도 강할 것이다. 일단 현재의 모래 해안에서는 강한 파랑의 침식 작용으로 사빈의 폭이 줄어들고 사빈의 경사도가 높아지고 있다. 최근 이러한 사례에 대한 보도와 보고서 결과들이 나오고 있다. 또한 사빈의 들물swash과 날물backwash의 영향이 덜한 곳에 형성된 평탄한 범berm이 내륙으로 후퇴한다. 사빈 뒤에는 모래가 바람에 불려서 만들어진 사구sand dune가 있는데, 해안 쪽에 있는 사구를 전면 사구, 혹은 전사구foredune라고 한다. 이들도 강한 파랑에 침식받을 가능성이 높아진다. 이렇게 되면 사구의 모래들은 사빈의 모래로 전환된다.

사빈의 모래는 파도에 의한 침식 때문에 부분적으로 바다에 잠긴다. 해수면이 높아지면 사빈도 높아지므로, 건조 시에 바람이 불어 모래가 날리면 현재의 사구보다 육지 쪽으로 후퇴하여 사구가 만들어질 수 있다. 사구가 보다 내륙으로 진출하는 것이다. 이렇게 되면 취락과 농경지는 모래 바람에 의한 피해가 늘어나고 부분적으로 더 내륙으로 철수를 해야 할 것이다.

돌출한 암석 해안에서는 기존의 아치와 시스택선돌, 촛대바위, 전라도와 충청도에서 말하는 선돌인 여도 포함과 해식 동굴 등이 파식으로 침식되면서 점차 사라지고 해안 쪽의 파식대는 물에 잠기고 새로운 파식대가 내륙으로 확장되어 만들어진다. 이에 따라 새로운 해식애파도에 의하여 만들어진 해안 절벽가 만들어지고 다양한 암석 해안 지형해식 동굴, 아치 등이 새롭게 형성될 것이다. 만일 해식애 아래 파랑에 의해 침식되어 조각이 난 암설들이 쌓이면 파랑을 분산시키면서 그 힘을 완화시킬 수 있다. 이러한 암설들은 해수면이 어느 정도 안정되면, 지속적인 파랑의 힘으로 더욱 작아지고 마모되어 둥글어져서 자갈 해안으로 변모할 수도 있다. 해안의 자갈은 파랑의 힘을 막아 내는 중요한 역할을 한다. 몽돌해안으로 불리는 우리나라의 자갈 해안은 경치가 아름다워 레저 공간으로 유용할 뿐만 아니라 해안 보호라는 큰 역할을 한다.

동해안에는 사빈과 사주로 해안의 일부가 폐쇄되어 만들어진 석호가 많

해안의 모래 유실을 막기 위해 설치된 모래 포집기(태안해안국립공원)

다. 경포호, 영랑호, 청초호, 삼일포 등이 대표적이다. 만일 해수면이 상승하고 파랑의 힘이 세지면 바닷물이 사빈과 사주를 넘거나 혹은 뚫어서 석호로 해수가 유입되고 호변도 잠기면서 석호의 면적이 늘어날 수 있다. 석호와 외해를 구분하는 사빈과 사구의 폭도 줄어든다. 더 심해져 바다와 구분지어 주던 사주가 유실되면 석호는 만입형의 해안선으로 변화하면서 사라질 수도 있다.

만조 시 서해안에서는 밀물이 하천을 따라 거슬러 올라간다. 과거에는 바다에서 하천으로 올라가는 뱃길이었다. 한강, 예성강, 대동강, 금강, 영산강 모두에 이러한 뱃길이 존재했다. 해수면이 상승하면 밀물이 보다 하천의 상류쪽으로 올라갈 것이다. 그러나 하천에는 대체로 수중보와 하구둑이 있어 상대적으로 그 영향이 덜할 것이다. 간조 시에는 넓은 간석지가 바닷물 위로

드러난다. 해수면이 상승하면 아무래도 바닷물에 잠기는 면적이 증가하여 간석지의 면적이 감소한다. 간조 시에 간석지 퇴적물이 침식을 받아 외해 쪽으로 쓸려 나간다. 어쩌면 간조 시에 퇴적물을 쓸어내리는 힘이 더 강해질지도 모른다. 육지에서 공급되는 퇴적물들이 좀 더 깊은 바다 속으로 사라질 가능성이 있다.

인간의 개입과 해안 침식

서해안의 간석지는 간척 사업으로 많이 사라졌으나 그로 인해 국토 면적이 증가하였다. 물론 국지적 지형 조건에 따라 간석지 전면에 새로운 간석지가 형성되기도 하고 경우에 따라 깊은 물길이 만들어지기도 한다. 북한에서도 간척 사업이 이루어졌는데 평안북도 다사도 간척이 대표적이다. 다사도 간척지는 1982년에 공사를 시작하여 1996년 일단 간척 방조제가 완성되었다. 북한으로서는 대역사였고, 38.81km^2의 면적의 땅을 얻었다. 이는 여의도 면적의 4.5배에 달한다. 그런데 2000년에 발생한 태풍 프라피룬과 사오마이에 의해 제방의 중간이 허물어지고, 간척한 곳이 다시 바닷물로 가득차는 일이 발생했다. 2005년에 제방의 터진 부분을 다시 메운다는 북한의 발표가 있었고 위성 사진에 의하면 현재는 복구 공사가 완료된 것으로 보인다. 지구온난화에 의하여 해수면이 상승하면 이러한 사례들이 전 세계 곳곳에서 일어날 수 있다. 지구온난화에 의한 해수 온도의 상승으로 태풍도 갈수록 강력해질 것이라는 전망이다. 간척을 한다면 비용을 더 들여서 보다 튼튼하게 만들어야 할 것이다.

현재 우리나라의 해안에는 항만 보호를 위하여 방파제, 도류제하천의 물길을 사주에 막히지 않고 바다로 유도하기 위하여 만든 방파제, 돌제해안에서 수직으로 바다 쪽으로 돌출한 방파제, 이안제해안선에 평행하게 육지에서 분리되어 만들어진 방파제 등이 설치되어 있다. 이러한 시설들은 연안류에 의하여 이동되는 모래들을 어느 곳에는 많이 침식시

파도에 의한 침식으로 유실된 도로(강원도 강릉)

키고, 어느 곳에는 상대적으로 많이 퇴적시키는 역할을 하는데 바람이 먼저 도착하는 곳을 침식시키고 방파제에 의해 더 이상 이동할 수 없는 곳에 퇴적된다. 그런데 해안에 따라서는 이러한 시설들이 오히려 문제를 일으키기도 한다. 해수면이 상승하고 파랑의 힘이 강해지면 이러한 시설들에 의한 해안의 침식과 퇴적의 영향이 더욱 강해질 것으로 예상된다. 상대적으로 해안선이 단조로운 동해안이 그 영향을 가장 많이 받을 것이고, 그 다음이 남해안일 것이다. 서해안은 넓은 간석지의 영향으로 조금 덜할 것으로 본다. 그러나 서해안에서도 사빈 해안과 암석 해안, 해안 단애들에서는 침식의 증거들이 나타난다. 말하자면 해안의 위치에 따라 파랑에 의한 침식 혹은 퇴적의 영향을 받는 정도가 다르며, 이러한 경향은 점점 심해지고 있다.

보통 사빈의 후면에 위치한 도로와 상업적 시설과 건물들을 보호하기 위해 다양한 높이로 옹벽을 설치한다. 더러는 계단을 만들어서 해수욕장으로 들어갈 수 있도록 만들기도 한다. 그런데 이러한 옹벽들은 해수면이 높아지고 파랑이 강해져 파랑의 힘이 줄어들기 전에 옹벽으로 올 경우, 그대로 힘을 가진 채 반사파 현상을 일으켜 모래들을 침식시켜서 외해로 쓸어갈 수가 있다. 파랑이 더 강할 때는 옹벽이 손상되면서 피해가 커진다. 강력해진 태풍, 가끔의 거대한 너울swell[3]성 파도, 드물기는 하지만 쓰나미tsunami[4] 등에 의해서도 이러한 현상들이 나타난다.

이상의 현상들은 어느 시점에 해수면 상승이 멈추면서 새로운 평행 상태가 될 때까지 계속 진행될 것이고 그동안 파랑의 강도는 점차 커질 것이다. 저위도만큼은 아닐지라도 우리나라 주변 해역의 해수 온도가 상승한다면 물분자의 팽창에 의한 추가적인 해수면 상승이 있을지도 모른다.

우리나라의 해수면 상승을 대비하기 위해서는 앞에서 이야기한 현상들이 지구온난화에 따른 해수면 상승에 의한 것인지, 일반적인 해수면 상승에 의한 것인지 파악하는 것이 중요하다. 정확한 기록과 장기간에 걸친 관찰과 우리나라와 지구의 기온과 해수면 높이의 관측 간의 관계를 살펴보면 어느 정도 예측할 수 있지만 이 작업 자체가 쉬운 일이 아니다. 물론 부분적으로 시도되고 있기는 하다.

---

3 발생 해역에서 부는 바람이 아닌 다른 지역에서 발생한 바람이 전달되거나, 바람이 잔 다음 해면에 남아 있는 물결 등에 의해 일어난 파도를 말한다. 풍랑과 달리 일반적으로 발생 해역의 바람과 다른 풍향을 취한다. 파도의 마루가 둥그스름하고 파도 산의 폭이 꽤 넓으며 파고가 완만하다. 진행함에 따라 파장과 주기가 길어져 해안에서 이르러서는 파고가 높아 피해를 주기도 한다

4 지진해일. 해저에서의 급격한 지각 변동으로 인해 해수가 상하로 이동하면서 발생하는 해일을 말한다. 쓰나미는 심해에서는 파장이 길고 파고가 낮지만 해안으로 오면 파장은 짧아지고 파고는 높아진다. 해안은 수심이 낮아 짧은 거리에 에너지가 집중되기 때문이다.

지형으로 살펴본 일본 대지진

2011년 3월 11일 오후 2시 46분 일본 동북부 해안 지대를 초토화 시킨 규모[5] 9.0규모를 7.9에서 8.8, 9.0으로 상향 조절하는 희귀한 일이 일어났다의 해저 지진이 일어났다. 이로 인한 인명 피해는 사망자 1만 5800여 명, 실종자 3400여 명으로 사실상 약 2만여 명이 사망한 것으로 보인다. 또 일각에서 체르노빌 원전 사고보다 심각하다고 말하고 있는 후쿠시마 원전 사고까지 발생하여 피해 수습이 장기화되고 있다. 이 과정에서 일본의 정치사회적인 구조상의 문제점도 드러났다. 원전 사고로 약 190명이 방사능에 피폭당한 것으로 알려졌다. 세계 3위의 경제 대국이지만 국제 사회의 도움을 필요로 하고 있다. 세계적으로 구조 기술이 뛰어난 우리나라의 119도 지진이 발생하자 일본으로 급파되었다. 원전 피폭은 보다 장기적으로 문제가 될 것으로 보인다. 원전 사고 주변 지역에서 귀가 없는 토끼가 태어나기도 하고 우리나라 취재진 약 20명도

5 대표적으로 리히터 규모와 모멘트 규모가 있다. 두 가지 모두 지진 시 발생되는 에너지의 양을 나타낸다. 리히터 규모는 지진계에 기록된 진폭을 토대로 측정하는데, 진원지와 관측소 사이에 거리가 존재하고, 특정 지진파에만 사용할 수 있기 때문에 한계가 존재한다. 모멘트 규모는 이를 보완하기 위해 만들어진 것으로 단층면의 크기와 단층면의 미끄러진 양을 토대로 계산한다. 다른 규모들이 규모가 큰 지진에서 지진동에 덜 민감해지는 포화 현상이 나타나는 반면 모멘트 규모는 포화 현상이 나타나지 않는다.

사고 현장을 취재하러 갔다가 방사능에 피폭되었다고 전해져 다시금 국민들을 불안하게 만들었다. 현재 일본 정부는 원전 가동을 줄이는 정책을 구상 중이다. 앞으로 전력 수급과 산업에 대한 영향에 세계가 주목하고 있다.

일본은 면적 37만 8000km^2, 인구 1억 2800만 명, 국민소득GDP은 4만 3380달러, 인구 밀도 337명/km^{2}이다. 한반도 면적의 약 1.5배, 인구는 남북한의 약 1.7배이고, 인구 밀도는 약간 낮다. 200여 개에 달하는 화산이 있으며, 그 중 60여 개는 활화산으로 화산과 온천, 지진과 단층의 나라이다. 과거 지금보다 더욱 활발했던 지진과 단층에 의해 남겨진 지표 상의 지형을 학습용, 관광용으로까지 보존하고 있는 나라이다.

일본의 지형

일본은 북위 24°의 오키나와가 있는 류큐琉球 제도에서 북위 46°의 홋카이도까지 위도상으로 길게 뻗어 있다. 높은 산지들이 일본 열도의 중심에 자리 잡고 있으며 산지가 국토의 약 80%를 차지한다. 일본의 해안에 발달한 평야는 삼각주와 사빈, 해안 저습지와 산지가 만나는 경사변환점에 발달하는 선상지 등으로 이루어져 있다. 또한 국토의 1/4이 화산성 퇴적물화산재 등로 덮여 있다. 화산재는 토양을 비옥하게 만들어 준다.

일본에는 3000m가 넘는 산들이 여럿 있다. 가장 높은 산은 일본의 상징인 화산으로 3776m의 후지 산이다. 한반도에서 가장 높은 산인 백두산보다 1000m 이상 높다. 생소하게 들리지만 화산인 호타카다케 산穗高岳, 3180m, 노리쿠라다케 산乘鞍岳, 3026m, 오다케 산大岳, 3067m, 등이 있고, 화산이 아니라 퇴적암 습곡 산지로서는 아카이시다케 산赤石岳, 3120m, 기타다케 산北岳, 3192m 등도 3000m가 넘는다. 그 외에도 3000m에 육박하는 산지들이 즐비하다. 이러한 산지들은 거의 대부분 도쿄와 나고야 사이의 혼슈 중부, 일본의 중부에 위치하며 일본의 알프스라고 불린다. 이 지역들은 일본의 지붕을 이루면서

일본 최고 높이의 화산인 후지 산. 현재는 휴화산이다.

고봉들이 남북 방향으로 뻗어 있다. 히다飛驒 산맥, 기소木曾 산맥, 아카이시赤石 산맥, 간토關東 산지 등이 포함된다. 일본 알프스의 많은 고봉들과 산맥들은 대부분 국립공원으로 지정되어 있다. 물론 동서 방향으로도 산맥들이 여럿 뻗어 있다.

일본의 산지는 경사가 매우 급하다. 산지에서 바로 평야로 이어지면서 경사변환점이 다수 나타난다. 이러한 곳에서 비교적 규모가 큰 선상지들이 나타나면서 넓은 농경지와 취락들이 발달한다. 산 깊이 자리 잡은 계곡들에서는 산사태도 빈번하게 일어난다. 특히 여름철 장마나 태풍 때 잘 발생한다. 일본의 산지는 열도를 따라 남북 방향으로 발달하여 겨울이면 북서풍을 통해 일본으로 유입되는 동해의 습기를 일본 서해안에 면한 산지에 떨어뜨린다. 산지에 의한 지형성 강설로 이 지역에는 엄청난 눈이 내린다. 2012년 2월 1일에는 이 지역에서 3.5m에 달하는 폭설이 내리기도 하였다.

일본 알프스

일본 알프스는 폿사 마그나Fossa Magna라고 불리는 구조선혹은 지구대을 따라서 펼쳐지고 있다. 이 구조선은 태평양 연안의 도시 시즈오카와 동해에 면한 이토이가와系魚川를 잇는 단층선이다. 후지 산도 역시 이 구조선에 인접하여 있다. 폿사 마그나는 일본의 서남부와 동북부를 지질적으로 양분한다. 폿사 마그나에 의해 구분되는 일본 열도의 서남부는 유라시아 판에 속하고 동북부는 북미 판에 속한다. 즉, 일본 알프스는 서로 다른 지각 판이 만나는 곳으로 격렬한 지각의 융기, 습곡, 화산 작용이 일어나 만들어진 것이다. 이러한 일본 알프스 중앙의 계곡과 분지에서는 전형적인 일본의 산촌과 농촌의 모습을 찾을 수 있다.

한편 일본의 대다수의 인구와 대도시와 산업들은 해안에 위치한다. 특히 태평양 연안을 따라서 도쿄를 중심으로 남서쪽으로 나고야, 오사카, 고베, 히로시마 등 일본 최대의 도시들이 전개된다. 더 남쪽으로 가면 혼슈의 서쪽

간토 평야

끝에 시모노세키 해협을 건너 규슈 북부, 동해에 면하여 기타큐슈, 후쿠오카 등이 있다. 도쿄에서 후쿠오카까지는 해안과 연안을 따라서 거의 일직선상으로 발달한다. 도쿄 북쪽의 큰 도시로는 동북부의 중심인 센다이가 있다.

일본 대부분의 인구와 산업을 부양하고 있는 해안 평야는 산지의 급사면에서 하천을 따라 내려온 퇴적물로 된 퇴적평야와 바다에 퇴적된 뒤 융기하여 이루어진 평야들이다. 평야들은 복잡하게 발달한 산지들에 의해 분리되어 있다. 큰 평야 주변에는 대도시들이 발달하고 있다. 도쿄가 있는 간토關東 평야, 교토와 오사카가 있는 간사이關西 평야, 나고야의 노비濃尾 평야, 동북부의 센다이仙臺 평야가 대표적이다. 도쿄, 요코하마, 지바, 가와사키 등이 있는 간토 평야에는 일본 전체 인구의 1/3인 4100만 명의 인구가 살고 있다.

일본의 해안선은 깊은 만입과 리아스식 해안이 잘 발달해 있다. 특히 해안선의 구조가 복잡한 리아스식 해안은 산지가 해안에 임박하는 경우에 잘 발달한다. 혼슈 서부와 시코쿠 사이의 세토나이카이瀨戶內海 연안과 지진의 피해가 컸던 센다이 북쪽의 산리쿠三陸 해안이 리아스식 해안으로 유명하다. 이들은 해안국립공원으로 지정되어 있다.

일본의 인구가 증가하고 산업화와 도시화가 급속히 이루어지면서 해안을 따라 간척과 매립이 많이 이루어졌다. 간사이 공항처럼 해안을 따라 인공섬도 만들었다. 보다 이전인 막부 시대에도 유럽, 특히 네덜란드로부터 서구 문명을 받아들여 근대적 토목 기술이 발전하면서 인구가 증가함에 따라 이를 부양하기 위한 농경지 개간을 위하여 간척을 시작했다. 간척에 따른 농경지의 규모는 지역의 번의 세력을 반영했다. 현재 일본의 경작지는 전 국토의 약 12% 정도이다. 식량 자급은 우리와 유사하게 쌀 정도이다. 다음으로 채소가 비교적 자급량에 가깝게 생산된다.

일본의 산지와 평야, 해안 등의 자연 지형은 여러 지각 판들이 만나면서 일어나는 지각 변동에 의하여 꾸준히 변모해 왔다. 지역에 따라 부분적인 이동, 융기, 침강, 습곡, 단층, 화산, 지진 등은 꾸준히 지형을 변모시킨다. 해안도 계속 매립되고 있으며 지구온난화에 의한 해수면 상승에 의한 해안 침식도 지형 변화에 한몫하고 있다. 이번 지진에 의해서도 일본 열도가 움직였고 쓰나미에 의해 해안이 침식되거나 혹은 해안의 퇴적물들이 해안 평야를 덮었다.

일본 열도의 형성

일본 열도는 신생대 제3기Tertiary 후기인, 약 1500만 년 전부터 한반도와 연해주 등 유라시아 대륙에서 분리되기 시작하면서 우리나라와는 완전히 다른 지질적 특징을 가지게 되었다. 46억 년의 오랜 지질 시대 중에서 극히 최근의 일이다. 앞으로도 상당한 시기 동안 화산, 지진과 같은 지각 변동이 지속될 것이다. 2010년 겨울에도 규슈의 여러 화산에서 화산재와 연기들이 많이 분출되었다. 일본 열도의 지질을 보면 많지는 않지만 오래된 선캄브리아기의 암석이 발견되기도 한다. 우리나라의 경기편마암복합체와 비슷한 시대이다. 그리고 중생대 쥐라기의 화강암도 발견되는데 이것은 우리나라 중부의 대보 화강암과 그 시대가 비슷하다약 1억 7000~2억 년 전.

현재의 중국 대륙은 과거에는 따로 떨어져 있던 남중국 지각과 북중국 지각이 강하게 충돌하면서 생성되었다. 이로 인해 습곡 작용과 변성 작용이 강하게 일어났다. 그 시기는 약 2억 5000년 전으로 보는데, 충돌에 의한 강한 열과 압력으로 인한 단단한 변성암들이 발견된다. 북중국 지각과 연결된 한반도에서도 이 충돌의 흔적이 나타나는데 바로 임진강 충돌대이다. 이러한 흔적은 일본에서도 나타나고 있다. 그러나 일본 지각의 대부분은 화산암, 해저 퇴적물이 판과 판의 충돌로 인한 습곡 등으로 만들어진 퇴적암, 퇴적변성암이 많다.

일본의 지각 구조

불의 고리Ring of Fire라고 하는 환태평양 화산대의 최외곽에 위치한 일본은 해양 지각과 대륙 지각이 만나는 곳으로 그 구조가 복잡하다. 대륙 지각인 유라시아 판과 북미 판, 해양 지각인 태평양판과 필리핀 판 등 4개의 판이 일본에서 만난다. 보통 일본을 유라시아 판으로 알고 있지만, 최근의 연구에 따르면 일본의 북부도쿄 북부는 북미 판으로 본다. 즉 일본 북부와 홋카이도, 러시아의 쿠릴열도, 캄차카 반도 등은 유라시아 판보다는 북미 판과 연결된다는 것이다. 시베리아 지역에서 유라시아 판과 북미 판의 경계대는 불분명하지만, 시베리아의 극동 부분은 북미 판에 해당한다. 일본에서는 일본의 북미 판을 다시 세분하여 북동 일본 지각판으로 보기도 한다. 도쿄를 중심으로 일본의 동북쪽의 지각은 대략 남북 방향으로 뻗고, 도쿄 서쪽의 지각은 동서 방향으로 뻗는다. 도쿄를 중심으로 서로 지각이 다른 것이다. 판으로 보면 도쿄 북부는 북미 판이고 서쪽은 우리와 같은 유라시아 판이다. 서남부 일본과 북동부 일본이 각각 한반도의 남부와 연해주 부근에서 분리되어 대략 현재의 위치에서 합쳐졌다. 말하자면 일본 열도를 그대로 반으로 나누는 곳인

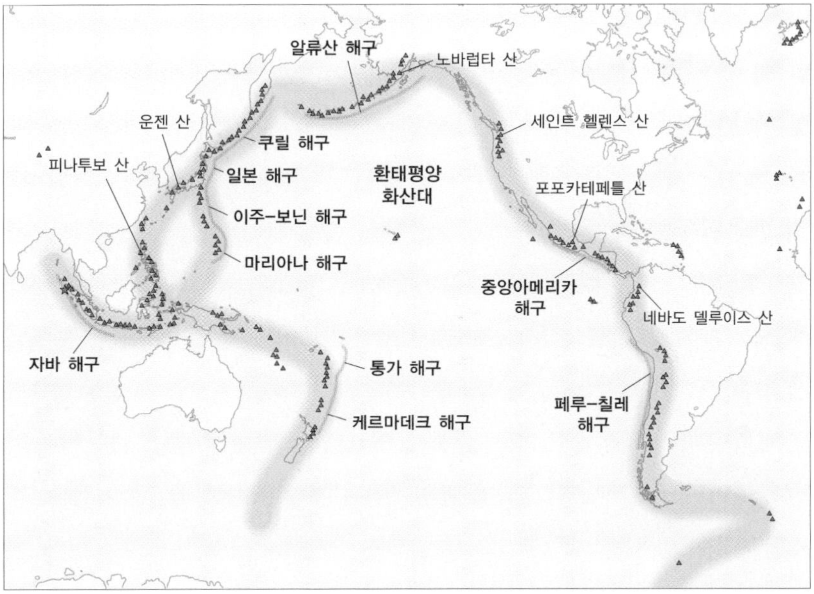

불의 고리

도쿄와 동해를 연결한 선도 단층선인 것이다. 서로 다른 지각판이므로 단층, 융기 등 지각 변동의 가능성도 많다. 간토로 일컫는 일본 도쿄에서 북쪽으로 동해까지 선을 긋듯 일본의 지각이 북미 판과 유라시아 판으로 나누어진다.

우리나라와 연결하여 생각해 보면 한반도와 동해, 일본 남서부규슈에서 도쿄 서부 지역까지는 유라시아 판인데, 동해에서도 일본 북동부와 홋카이도의 연안에서 일본 해안과 평행하게 북미 판과의 경계대가 나타난다. 태평양에 면한 일본 연안 거의 전역이 지진의 대상이 되지만, 동해에 면한 일본의 북서부 연안에서도 지진과 화산이 발생한다. 유라시아 판과 북미 판의 경계이기 때문이다.

이번에 지진이 발생한 곳은 일본 북동부의 중심 도시인 센다이에서 동쪽으로 130km 떨어진 해역이다. 즉 해양 지각인 태평양판과 대륙 지각인 북미 판이 만나는 곳이다. 상대적으로 밀도가 무거운 해양 지각인 태평양판이 비교적 가벼운 대륙 지각인 북미 판 아래로 들어간다. 섭입대subduction zone라고 한다. 이곳은 지각판이 수렴하는 곳으로 수심이 매우 깊다. 그중 가장 깊은 곳은 일본 해구Japan Trench로 8412m이다.

지각의 이동

태평양판은 일본 열도 방향으로 연간 8.5~10cm의 속도로 이동하여 일본 해구로 들어간다. 1년에 10cm이면 100년이면 10m에 이른다. 보통은 부드럽게 일본 연안의 지각유라시아 판, 북미 판 아래로 들어가지만, 가끔 거칠게 접촉하면서 위에 놓인 지각을 흔들고, 찢는다. 즉 단층을 만들게 된다. 바다에서 지진이 일어나므로 바닷물도 함께 출렁이면서 거대한 파도가 만들어진다. 거대한 파도는 더 이상 이동할 장소가 없으면 솟거나 부딪혀 부서진다.

북미 판은 이번 지진으로 인해 태평양 쪽인 남동–동남동 방향으로 2.4m 이동하고 1.1m 침몰했다고 한다. 이에 따라 일본 열도도 전반적으로 동쪽으로 이동하였는데 그중 미야기 현의 오나가와초는 동남쪽으로 5.85m나 이동했다고 한다. 국토지리정보원에 따르면 지진의 여파로 한반도도 동쪽으로 평균 2.3cm 이동한 것으로 나타났다.

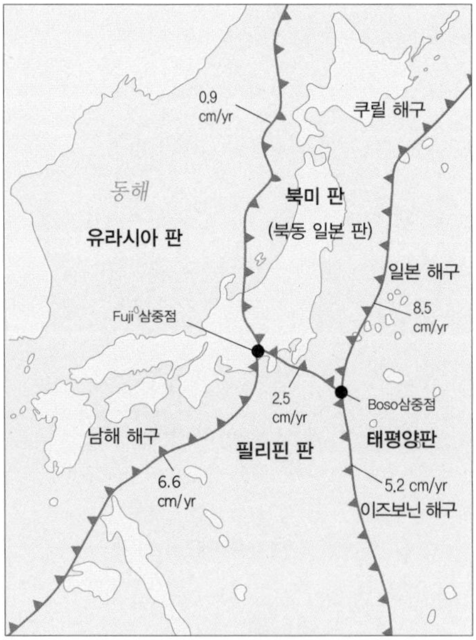

일본 주변의 지각판

우리나라의 동해도 이보다 약하긴 하지만, 작은 지각판으로서 동쪽으로 일본 열도를 압박한다. 연간 약 2.5~3cm의 속도로 이동한다. 태평양판의 1/3 정도이다. 동해는 태평양에 비하면 매우 작은 내해인데, 크기에 비하면 대단한 속도이다. 물론 일본 열도에 미치는 영향은 미미하지만, 만일 부드럽게 이동하던 것이 때로는 거칠게 밀어붙이면 지진이 일어날 수도 있다. 지금도 동해의 크기는 동해에서의 지각의 운동과 태평양판의 움직임, 그리고 이것들이 일본 열도에 영향을 미치는 정도에 따라서 변화한다. 동해에 독도가 생길 때 그 힘은 일본 열도를 밀어내듯이 태평양 쪽으로 향했다.

일본의 남서부, 즉 관동 지역과 규슈로는 연간 약 4cm의 속도로 필리핀 판이 밀어닥치고 있다. 일본에서는 이 연안에 만들어진 해구를 남해 해구라고 부른다. 일본은 대략 도쿄 쪽 앞 바다를 동해라고 하고, 시코쿠 앞을 남해, 그 중간의 해역을 동남해라고 부른다.

일본 열도가 한반도와 함께 붙어 있을 때도 역시 거대한 유라시아 판과 북미 판의 해안 쪽 바깥에 위치하고 있어서 지속적인 판과 판의 섭입에 의한 지진과 화산 발생과 해안 지형 형성 등에 있어 그 영향을 받아 왔다.

눈 깜짝할 새에 땅을 휩쓴 거대한 물의 장벽

리아스식 해안이 쓰나미 피해를 키웠다?

2011년 일본 대지진과 관련하여 언론에 보도된 해안 지형과 관련된 내용은 리아스식 해안, 해안 사구, 쓰나미, 쿠로시오黑潮 해류 등이다. 우리나라 동해에서의 지진과 쓰나미 가능성도 보도되었다. 그 외 한반도의 양산 단층대, 추가령 단층대도 보도에 등장했다.

약간의 오해의 가능성이 있는 부분을 먼저 살펴본다. 쓰나미가 일본 동북부 해안을 덮쳤을 때 리아스식 해안과 해안 사구 때문에 피해가 커졌다는 보도가 일본 언론을 통해 잠시 나왔고, 더 이상 나오지 않았다. 결론을 먼저 말한다면 피해가 더 많다고 볼 수는 없다. 자연 지형의 특성으로 쓰나미 피해의 많고 적음을 말할 수 있는 것이 아니다. 쓰나미의 크기는 해저 지각에서의 지진에 의한 단층의 크기에 달려 있다. 즉, 갈라진 곳이 얼마나 이격을 하는가에 따라 에너지가 달라지는 것이다. 따라서 해안의 입장에서는 단층 발생 지점으로부터 얼마나 떨어져 있는가, 단층의 이격 거리가 어느 정도인가에 따른, 참으로 판 구조론적 운에 따른 것이다.

쓰나미란

일본에서 유래된 쓰나미는 지진해일을 일컫는 말이다. 이제 전 세계 어디든지 쓰나미라는 용어를 사용한다. 쓰나미의 정도는 판과 판이 만날 때 단층의 방향과 정도에 따라 결정된다. 이번 일본 대지진으로 만들어진 쓰나미의 높이는 거의 10m에 달했는데, 이것이 선채로 다가오면서standing wave, 엄청난 에너지가 육지로 밀어닥친 것이다. 이 쓰나미는 태평양을 건너서 미국과 칠레 연안까지 미쳤다. 한반도는 일본 열도가 방파제 역할을 해 주어서 큰 피해는 없었다. 쓰나미가 밀려오면 깊은 바다에서는 너울높지만 부드러운 모습의 형태를 가지지만 얕은 해안으로 다가올수록 깊은 바다가 받아 주던 에너지를 소산할 길이 없어 하늘로 높이 솟는다. 거의 수직으로 선 채로 해안으로 닥친다. 너울이 쇄파가 되고 해안에 충격을 가하면서 에너지는 소산된다. 해안 지형과 해안 구조물에 엄청난 타격을 가하는 것이다.

쓰나미로 폐허가 된 센다이 공항 활주로

쓰나미의 어마어마한 힘이 버스를 2층 건물 위로 올려놓았다(후쿠시마, 최성길).

규모는 작을지라도 우리나라의 동해에서도 쓰나미가 발생할 수 있다. 동해안 평야에 위치한 도시와 산업이 피해를 입을 수 있다. 앞에서 알아보았듯이 동해의 일본 주변은 유라시아 판과 북미 판이 만나는 곳이다. 이곳에서 동해의 지각 판이 일본 열도 지각판 아래로 들어갈 때, 지진이 발생하고 쓰나미가 발생할 수도 있다. 동해 한가운데에는 과거 해저 용암 분출로 인해 형성된 울릉도, 독도와 같은 화산섬이 있어 지진과 화산 활동에 따른 위험을 완전히 무시할 수는 없다.

리아스식 해안과 쓰나미

먼저 리아스식 해안에 대해 알아보면, 리아스식 해안은 해안선의 형태가 복잡하여 출입이 심하다. 즉 작은 만bay, cove 또는 사빈과 바로 인접하여 돌출한 암석대headland가 번갈아 가면서 나타나는 것이다. 구조적 지형에 의해 길게 발달한 만입도 있다. 우리나라의 남해안과 서해안이 대표적인 리아스식 해안이다. 동해안은 상대적으로 해안선이 선형에 가깝다. 리아스식 해안은

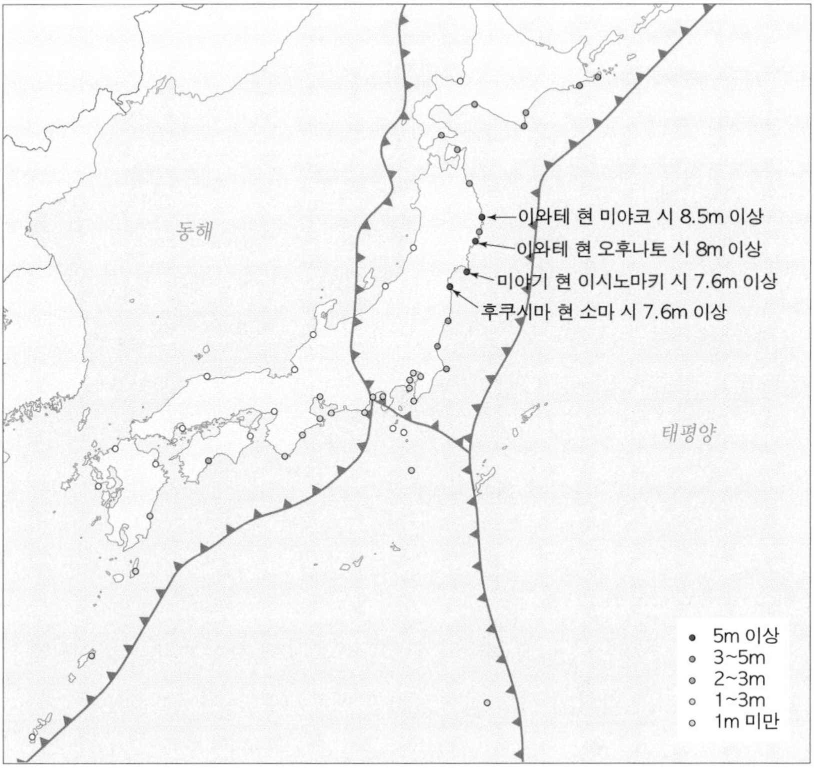

일본 대지진으로 발생한 쓰나미가 해안에 도달했을 때의 높이

돌출된 암석대가 파랑에 의한 침식으로 분리되면서 많은 섬들을 가진다. 현재 우리나라의 해안은 간척, 매립, 옹벽 등에 의해 해안선의 출입이 많이 단순해졌다.

일본 해안과 같은 리아스식 해안에 쓰나미가 올 경우에 해안에서 돌출된 부분은 먼저 엄청난 에너지에 노출되면서 충격을 받는다. 쓰나미의 충격을 받은 절벽에서 암편들이 떨어져 나가고 파랑이 육지 쪽으로 이동하는 동안 에너지를 소산시키면서 충격 에너지를 흡수한다. 그리고 남은 에너지는 보다 육지 쪽의 깊숙하고 낮고 완만한 만이나 사빈으로 전달된다. 이곳에서도 당연히 피해가 발생한다. 다만 인근의 사빈과 사구를 자연 상태로 둘 경우에는 이들도 어느 정도 에너지를 흡수한다. 그러나 워낙 강한 쓰나미일 때는 도리가 없다.

다만 심리적으로 생각하기에 좁은 만이 상대적으로 높은 지대로 둘러싸여 있고, 해안 방향으로만 평탄면이 전개될 경우, 만으로 들어온 파랑 에너지를 더 이상 소산시킬 수가 없다는 점 때문에 리아스식 해안에서 쓰나미의 피해가 더 큰 것처럼 느껴진다. 그러나 파랑이 온다는 것을 미리 알 경우 높은 지대가 바로 인근에 있으므로 빨리 대피할 수 있다. 해안 평야로 이루어진 해안에서는 빠른 시간에 높은 곳으로의 대피가 어렵다. 일본 동북부에 발생한 쓰나미도 이와 같은 곳이어서 피해가 더 컸다.

해안 사구와 쓰나미

해안 사구는 해안에서 보호해야 할 소중한 지형 자산이다. 사구는 방파제와 마찬가지로 파랑이 사빈을 통과하여 배후지로 들어오는 것을 막아 준다. 사구는 우리나라의 서해안과 동해안에 많이 발달하고 있다. 사구는 사빈의 모래들이 건조하고 바람이 많이 부는 상태에서 지속적으로 해안 배후지로 불려 가서 쌓인 모래언덕이다. 사빈의 모래의 양과 바람의 세기에 따라 다양한 규모의 사구가 만들어진다. 태안반도의 신두리 사구는 그 규모가 대단하여 작은 야산을 이루고 있고 숲도 조성되어 있다. 관광, 농업, 축산 등으로 많이 훼손되고 있으나, 일부는 보존지구로 지정되어 보호되고 있다.

이러한 사구들은 대형 쓰나미가 올 때 좋은 방파제 구실을 한다. 사구의 숲은 사구가 더욱 굳건하게 버틸 수 있도록 돕는 역할을 한다. 사구 숲은 사구가 오래되고 안정되면서 일어나는 생태적 천이 과정에서 인간의 간섭이 없다면 자연스럽게 형성된다. 단순 모래언덕에서 풀밭으로, 다시 숲으로 변한다. 또한 사구는 숲과 모래의 함수성과 배수성으로 지하수 함양에도 크게

산두리 사구

기여한다. 문제는 이러한 사구를 훼손하고, 숲을 없애고 인공 구조물을 설치하는 것이다.

이번에 쓰나미가 발생한 지역의 사구는 상대적으로 규모가 작고, 쓰나미의 규모는 너무 커서 사구가 파괴되고 사구 숲의 나무들이 내륙으로 휩쓸려 오면서 가옥을 부수는 역할을 하면서 피해가 커진 경향이 있다. 그러나 사구와 사구 숲은 분명히 쓰나미의 공격 에너지를 상당히 흡수하거나 완충했다고 본다.

리아스식 해안과 반대로 해안선이 길고 직선이며, 배후에도 해안 평야가 완만하고 평탄하게 전개된 경우에는 넓게 펼쳐진 평탄면을 지나는 파도의 속도가 느려지면서 에너지를 소산시킨다. 문제는 이러한 평탄면에 취락과 건물 등의 인공 구조물이 설치되고, 많은 사람들이 살고 있다는 점이다. 말하자면 어떠한 해안이든지 피해의 정도는 비슷하다는 것이다. 인구가 늘어나고 시설물과 구조물이 늘어나면서 이를 수용할 수 있는 곳이 해안 평야뿐이기 때문에 해안에서의 피해가 컸던 것이다. 인력으로 어찌할 수 없는 부분이 많았다. 천재에다가 인재라고 하지만 어쩔 수 없는 인재도 있는 것이다. 쓰나미의 피해를 입은 다수의 취락들은 폐쇄되었다. 일본 해안 지역의 일상으로의 회복은 많은 시간이 걸릴 것이다.

일본 주변을 흐르는 해류와 쓰나미 피해

지진과 쓰나미의 영향으로 후쿠시마 원전이 붕괴되는 사고가 발생했다. 원전에서 방출된 방사능 물질들이 대기로 올라갔으나 바닷물을 대량으로 퍼부어서 온도를 낮추고 대기로의 방출을 어느 정도 막았다. 그러나 원전을 냉각시키기 위해 사용한 모든 물은 다시 바다로 버려졌고, 바닷물은 방사능 물질로 오염되었다.

일본의 태평양 연안에는 난류인 쿠로시오 해류가 남서에서 북동 방향으로 일본 열도 연안에 접하여 흐른다. 이 해류는 적도 가까이에서 흐르는 더욱 온도가 높은 해류인 북적도 해류가 서류하다가 아시아 대륙을 만나면서 북쪽으로 방향을 틀면서 북동으로 흐르는 것이다. 이는 계속 더운 기운을 유지하

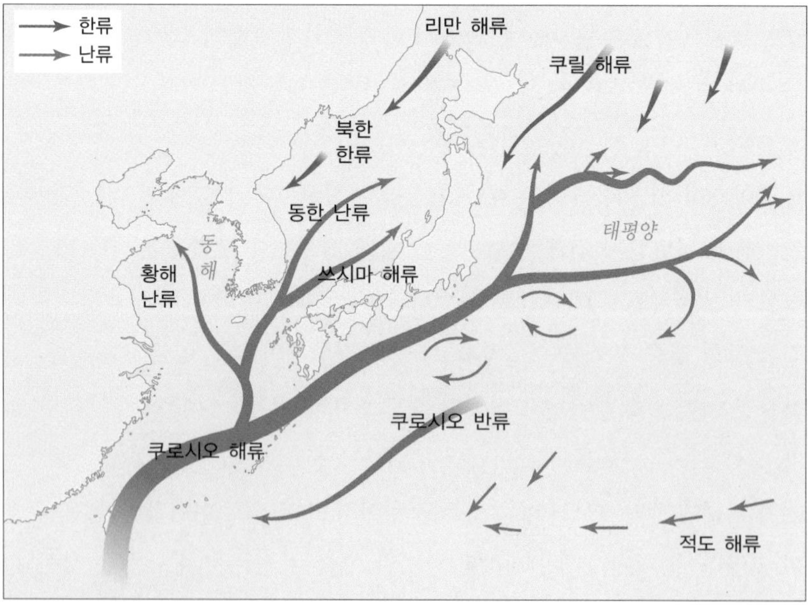

일본 주변을 흐르는 해류

면서 북동류한다. 대부분은 일본의 태평양 연안을 따라 흘러서 알래스카의 알류샨 열도까지 올라가지만, 그중의 일부가 한반도로 올라오면서 동해와 서해로 올라오는 한반도의 난류가 된다. 우리나라에서는 동한 난류로 불린다. 이 해류는 북쪽에서 내려온 한류인 북한 한류와 만나서 한류와 난류가 혼합되는 조경潮境 수역을 이룬다. 이곳은 한류와 난류의 어류들이 모여들어 좋은 어장을 이룬다. 해류가 중요한 것은 해안에서의 기온과 강수량과 같은 기후에 영향을 주고, 어장의 형성, 해상 통로로 이용되기 때문이다. 또한 해일도 해안에 접근하는 해류의 영향을 받는다.

일본의 후쿠시마 원전에서 나온 방사능 물질들이 쿠로시오 해류에 흘러들어 가면 더욱 북동쪽으로 이동하지만, 일부는 북동류하다가 동류하고, 다시 남류하여 북적도 해류와 합류된다. 말하자면 쿠로시오 환류還流, Gyre; 거대한 소용돌이가 된다. 시계 방향으로 도는 것이다. 방사능 물질이 쿠로시오 환류를 타고 북적도 해류로 옮겨 타서 서류하다가 북동류하는 쿠로시오 난류를 타게 되면, 결국 그 일부가 한반도의 동해와 서해로 유입될 수 있다.

이미 언급했듯이 동해는 한류와 난류가 만나는 조경 수역의 좋은 어장이다. 그리고 동해는 어느 정도 폐쇄된 해역이다. 동해는 온도와 밀도가 다른 난류와 한류의 만남, 수심의 차이대화퇴와 같은 얕은 곳(300~500m 이상), 일본 분지와 같은 깊은 곳(3000m 이상) 등으로 소용돌이가 잘 생긴다. 방사능 물질이 혼합되면서 해역에 머물게 된다.

후쿠시마 원전의 방사능 물질이 쿠로시오 해류와 쿠로시오 환류, 북적도 해류, 동한 난류 등을 타고 동해로, 다른 줄기로 서해로 들어올 수 있다. 물론 그 정도와 확률은 희박하고, 넓은 태평양에서 이동하는 동안 희석될 가능성이 높기 때문에 우리 바다와 우리 해산물에 대한 방사능의 영향은 거의 없을 것이다.

그러나 후쿠시마의 방사능 물질이 더욱 많이 태평양으로 흘러들고, 다양한 해류들을 지속적으로 타게 되면 우리의 동해와 서해도 심리적으로 걱정이 될 것이다. 그래도 넓은 태평양이 충분한 희석 능력을 가지고 있으므로 너무 걱정할 필요는 없다고 본다. 다만 심리적인 불안감이 수요에 영향을 미칠 것이 걱정이다.

이미 일본과 쿠릴 열도와 캄차카 반도 등 아시아의 북태평양 연안에서의 어업은 타격을 받고 있다. 수산물 소비가 줄어들고 있다. 당장 우리의 식탁에서도 일본에서 수입한 수산물을 꺼려하고 있다. 일본 수산청에서는 원전 사고 반경 30km 이내 지역을 어업금지구역으로 설정했다. 그러나 반경 30km를 벗어난 지역이라고 하더라도 안심하기에는 이르고 어업금지구역이 수년간 지속될 수도 있다.

대기로 올라간 방사능 물질은 북극해로 갔다가 한반도의 동해안 지상에 내렸다는 보도가 나왔다. 지구를 한 바퀴 돌아서 한반도로 왔다는 설도 나온다. 기류는 해류보다 빠르다. 그리고 그 이동을 파악하기가 어렵다. 그리고 기류와 해류는 서로 영향도 미친다. 방사능의 피해가 어떤식으로 한반도에 영향을 미칠지는 아직 미지수이다. 일본의 원전이 빨리 안정되길 바란다. 일본이 이웃이라는 것이 새삼스럽다.

백두산은 폭발하는가?

백두산의 현재 상황

최근 2014년이나 2015년쯤 휴화산 상태의 백두산이 다시 폭발할지도 모른다는 학자들의 보고가 언론에 보도되고 있다. 기상청에서도 학술적으로 이를 주시하고 있는 실정이다. 최근 중국과 한국의 화산학자들에 따르면 비교적 규모가 큰 지진들이 백두산 근처에서 자주 발생하고지진이 발생하면 화도에 영향을 미쳐서 마그마 통로, 즉 분출로가 열려 지진성 화산 폭발로 이어질 수 있다, 액상의 마그마가 지하 10km까지 올라와 있으며, 백두산이 계속 높아지고, 천지 주변 온천수의 수온이 최대 83℃까지 올라가고, 화산 활동 직전에 나타나는 헬륨과 수소 등의 가스 성분이 증가했으며, 백두산 천지 칼데라 주변의 암석 틈새를 따라 화산가스가 분출해 일부 초목이 고사하는 등 최근에 와서 그 특이성이 자주 감지되고 있다. 화산 폭발은 지표 상에 살고 있는 사람들에게 엄청난 영향을 미친다. 대비 차원에서 백두산의 지리와 지질에 대하여 살펴보고, 분출 시 한반도에 미칠 수 있는 영향에 대한 다양한 시나리오도 살펴보고자 한다.

백두산의 형성

백두산의 높이는 2744m자료에 따라 2749m, 2750m로 한반도 최고봉이며 중국의 만주 지역을 포함하여도 동북아시아 지역의 최고봉이다. 백두산은 여러 화산 분출층들이 중심 분출에 의하여 켜켜이 쌓인 성층 화산成層火山, stratavolcano이다. 대체로 점성도가 낮은 현무암 용암류와 화산 쇄설물먼지, 가루, 가스, 작은 자갈 형태 등의 혼합물이 교대로 분출하여 쌓여 있다. 신생대 제4기 플라이스토세 Pleistocene; 지금으로부터 약 200만~1만 년 전에는 비교적 소규모이지만 여러 차례 용암 분출과 폭발성의 화산 쇄설물 분출이 교대로 나타나는 스트롬볼리식 분출이 주로 일어났다. 이 분출로 산정이 급경사를 이루는 현재 모습의 백두산이 대략 결정되었다. 이 화산체는 기저부산체의 바닥가 20~30km, 분포 면적은 약 600km^{2}에 이른다. 현재 백두산체의 최고봉과 천지를 이루는 부분이다.

백두산은 판의 경계가 아닌 유라시아 판의 내부에 있고, 마그마가 특정 점열점, hot spot에서 줄기처럼 솟아올라 분출한 것이다. 점성의 용암도 많이 흘렀고, 가스와 먼지도 나왔다. 백두산 정상에 가보면 푸석한 자갈, 모래와 같은 작은 알갱이들이 주위에 부서진 암석 조각들과 엉성하게 엉겨서 침식에 약한 모습을 보인다. 색깔도 밝다. 하얀 머리라는 의미의 백두산 지명이 그래서 나온 것이 아닌가 한다. 백두산 아래 넓게 퍼진 용암대지에는 중국 방향과 북한 방향 모두 침엽수림이 무성하다.

백두산 화산대화산암이 펼쳐진 평면적는 초기에 넓게 퍼진 용암류에 의해 형성된 비교적 평탄한 용암대지와 다시 그 위의 중심부에 성층 화산 형태로 만들어진 백두산 화산체분출한 화산암들의 덩어리로 이루어져 있다. 이러한 형태는 제주도의 한라산 화산체와 유사하다. 백두산은 역사 시대에 들어와서도 다양한 규모로 여러 차례 분출하였다. 고려 시대와 조선 시대에도 기록으로 남아 있다. 이러한 기록은 앞으로의 백두산 지질 및 지형 변화 예측에 유용하게 이용될 수 있다. 백두산은 대략 260만 년 전에 분화를 시작하여 계속 추가적인 분

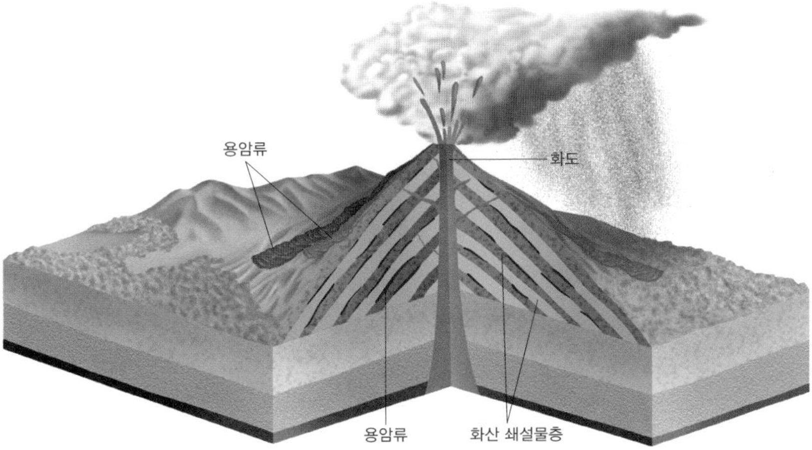

성층 화산 모식도

출과 풍화와 침식의 결과로 현재의 모습을 갖추었다. 군데군데 상류의 급경사 하곡에 의하여 깊게 패인 절벽을 가진 계곡들이 나타난다.

백두산 화산대는 북한과 중국 영토에 걸쳐서 전체 면적이 약 2만 2000km^2 한반도 전체 면적의 약 1/10에 해당이며, 한반도에 해당하는 부분은 총면적 5350km^{2}로서 남북 간 125km, 동서 간 88km에 달한다. 행정구역으로는 주로 북한의 량강도에 해당하며 함경북도에서 분리된 지역이다. 참고로 같은 용암대지인 인도의 데칸 고원[6]은 그 면적이 50만 km^{2}이고, 미국의 컬럼비아 고원[7]도 26만 km^{2}에 이른다. 한반도 중부의 철원·평강 용암대지는 임진강, 한탄강을 중심으로 면적 125km^{2}으로 약 95km에 걸쳐 있다.

백두산 화산체는 여러 단계에 걸쳐 형성된 복합 화산체이다. 먼저 신생대 제3기 플라이오세Pliocene 후기200만 년 전 이상, 혹은 170~290만 년 전에 열하 분출裂罅

6 중생대 백악기 이후의 현무암 분출로 데칸 고원의 북서부에 형성된 광대한 용암대지. 면적은 50만 km^{2}이며 동서로 1500km, 남북으로 1400km에 이른다.

7 신생대 제3기 마이오세 이후 10회 이상의 용암류 분출로 형성된 용암대지. 미국 워싱턴 주 동부에서 오리건 주 동부와 아이다호 주 남부에 걸쳐 있다.

두만강 용암대지에 발달한 주상절리

噴出, fissure eruption, 틈분출의 형태로 많은 현무암 용암류가 지표면을 덮었다. 열하 분출 시 갈라진 틈은 대략 북서-남동의 방향성을 보인다. 서쪽과 동쪽의 끝 부분인 혜산압록강 상류에서는 현무암층의 두께가 30~60m, 대홍단두만강 상류에서는 그 두께가 80~100m에 이른다. 조금 남쪽으로 내려와 서두수에서는 100~150m, 서계수에서는 400~500m로 더욱 두터워진다. 이들 현무암들은 하곡에 의하여 침식되어 깊은 계곡을 형성하면서 계곡의 벽이 주로 현무암의 주상절리 형태로 남아 깊은 절벽을 이룬다. 용암류는 압록강을 따라서 최대 630km까지 이동하였다. 백두산은 약 1000년 전에도 폭발식인 플리니식 분화를 일으켜서 50만 km^3에 이르는 분량의 화산 쇄설물을 분출하였다. 이때 분출된 화산 쇄설물 중 일부가 편서풍을 타고 1000~1300km 떨어진 백두산과 위도가 거의 동일한 일본의 혼슈 북부와 홋카이도 남단까지 날아가 쌓였다. 그중 두께가 두꺼운 곳은 5cm에 달한다.

백두산 천지

백두산 천지는 칼데라호이다. 칼데라는 화산 분출이 중지되면서 중심 화도에 있던 화구와 주위의 외륜산들이 함몰하여 보다 확대된 것이다. 백두산 칼데라는 둘레 20.6km, 면적 19.8km^2, 최대 깊이 944m외륜산에 가장 높은 백두산과 천지의 최대 수심을 합한 것에 이른다. 약 1000년 전 50만 km^{3}의 화산 쇄설물을 분출하면서 현재의 모습을 가지게 되었다. 호수로서의 천지는 칼데라에 물이 담긴 칼데라 호로서 동서 3.6km, 남북 4.6km, 둘레 14.4km, 면적 9.2km^{2}이다. 천지의 수면의 높이는 2257m, 평균 수심 213m, 최대 수심 384m, 담수량은 19억 5000만 km^{3}이다.

천지는 북한의 압록강과 두만강, 중국 송화강의 발원지를 이룬다. 천지의 물은 북쪽 달문을 통하여 폭포를 이루면서 송화강으로 빠져나간다. 달문을 포함하여 외륜산과 천지의 북쪽 약 40%는 중국 영토로 되어 있고, 한국 사람들도 중국을 통해 백두산에 오를 수 있다. 백두산의 가장 높은 봉우리인 장군

봉은 북한 영토에 위치한다. 현재 우리나라가 발간하는 모든 지리서Geography of Korea와 지도집Atlas of Korea에는 당연히 백두산 천지와 외륜산 전체를 한국령으로 표기하고 있다.

백두산 분출의 역사

다음은 백두산 화산과 관련된 몇몇 참고문헌에서 백두산 화산 분출 시기를 중심으로 기술한 것이다. 한반도의 신생대 화산체에서 뜨거운 열이 가스와 열수 형태로 현재에도 나오는 곳은 백두산 화산체가 유일하다. 한반도의 신생대 화산체는 백두산 외에 한라산, 울릉도, 독도, 강원도의 철원–평강 용암대지, 황해도의 신계–곡산 용암대지 정도이다.

오른쪽의 표는 백두산 전체 화산체의 전반적인 화산 활동을 말한다. 백두산 자체만을 의미할 때는 천지 혹은 백두산이라는 용어를 사용한다.

백두산은 신생대 제3기 약 3000만 년 전 최초로 현무암을 분출하여 화산체의 모습을 형성하기 시작했다. 그 전인 중생대약 7000만 년 전 혹은 그 이전에도 백두산의 화산 활동이 있었는데, 이러한 활동은 한반도 전역에서 일어난 화산무등산, 주왕산 등 활동과 함께한다. 현재의 백두산 화산체는 신생대 화산 활동의 결과물이다. 일본의 아오모리 현의 10세기 전후약 1000년 전의 유물층에서에서 백두산 화산재가 발견되었다. 백두산 탄화목의 탄소 연대 측정 결과 1030년과 1050년의 연대가 나왔다. 이러한 사실로 미루어 보아 대략 1000년 전에 마지막으로 비교적 큰 폭발이 있었던 것으로 파악한다. 발해 왕국의 갑작스러운 멸망926년, 약 1080년 전을 백두산 화산 폭발의 영향으로 보는 주장도 있다.

『조선왕조실록』에서도 백두산 화산 폭발의 기록을 찾을 수 있다. 1597년의 기록을 보면 3일에 걸쳐 8번의 지진이 발생하고화산 지진으로 추정, 포를 쏘는 소리와 함께 연기가 하늘로 치솟고 크기가 몇 아름씩 되는 바위가 연기와 함께 터져 나왔다고 한다. 그 위세가 산을 넘어 날아갈 정도였다고 적고 있다.

약 3000만 년 전	신생대 제3기 마이오세에 최초로 현무암 분출(히말라야 조산 운동과 관련)
약 1900만 년 전	화산 분출로 500m 두께의 현무암층 형성
약 1500만 년 전	이도백하 인근 내두산 용암 분출로 300~400m 두께의 현무암층 형성
약 400만 년 전	신생대 제3기 플라이오세에 열하 분출로 평정촌(중국) 현무암 분출
약 260만 년 전	현재의 백두산 중심으로 현무암 분출, 현무암질 마그마 분출, 백두 용암대지 형성, 현재의 백두산 형성의 초기
약 55만 년 전	조면암 분출, 화구의 형성
약 44만 년 전	백두산 화구 폭발, 용암 분출, 응회암, 조면암 등 분출, 111m의 두께로 백두산을 더욱 높게 만듦
약 21만 년 전	백두산 화구 폭발. 44만 년 전과 유사함. 조면암 등 분출, 화산 분출구 함몰되면서 칼데라 형성
약 8만 7000년 전	화산의 분출. 여러 개의 측화산 형성. 응회암, 흑요석(천연 유리질), 조면암 등 분출
약 1만 1000년 전	신생대 제4기 홀로세, 백두산의 부활

백두산 화산체의 화산 활동

1668년에는 함경도 지역에 재비가 내렸다고 기록되어 있다. 1702년에는 함경도 지역에 황적색의 불꽃 연기가 솟아오르고 재가 내렸으며, 화로 가운데 있는 듯하여 훈열을 견딜 수 없었다는 내용이 나온다.

백두산은 1903년 소규모 폭발을 마지막으로 현재까지 휴화산 상태이다. 중국 학자들의 조사로 천지 주변에서 1903년 당시 분출된 화산재가 발견되었다. 불과 100여 년 전이다.

북한 학자들의 연구 결과의 일부를 보면 다음과 같다. 현무암백암통 현무암의 고지자기 연대 측정 방법[8]에 따르면 최초의 백두산 분출은 2100만~2211만 년 전이며, 두 번째 분출은 고지자기 연대 측정으로 1000만~1100만 년 전, 세 번째 분출은 고지자기 연대 측정으로 770만~900만 년 전으로 본다. 보천통 현무암의 절대 연대는 고지자기 연대 측정으로 148만~277만 년 전이며,

8 화산이 분출하여 용암이 굳을 때는 당시의 지구 자기 방향으로 자화(磁化)한다. 따라서 이를 분석하면 당시의 지구 자기의 방향을 알 수 있고, 이를 연대 척도로 만든 것이 고지자기 연도이다. 현재~약 70만 년 전까지는 지구 자기의 방향이 현재와 같고, 약 70만~240만 년 전에는 현재와 지구 자기의 방향이 반대였다.

백두산 정상 백두 폭포 부근의 현무암의 절대 연대는 243만 년 전으로 밝히고 있다.

폭발 징조와 폭발 시의 영향

백두산을 활화산으로 본다면 분화할 가능성이 언제든지 있다. 활화산으로 보려는 학자들은 그 근거로 최근 황산 가스이산화황가 솟아올랐다는 점, 주위에 규모가 큰2002년 진도 7.3 지진이 자주 발생한다는 점, 일본 지진 등 태평양판과 북미 판, 유라시아 판의 충돌에 의한 진동의 영향 등을 든다. 가스와 수증기의 분출이 증가하고 있다는 보고도 있다. 분화 가능성은 있으나 전혀 움직임징조이 없는 화산이 휴화산이다. 더 이상 폭발 가능성이 없다고 판정받으면 사화산이다. 백두산은 휴화산으로 인식되었지만, 최근 심상치 않은 움직임을 보이고 있어 지켜봐야 한다. 일단 중국의 학자들도 긴장은 하고 있으며, 북한에서는 우리 측에 인도주의적인 입장에서 공동 연구를 제안해 왔다. 우리 정부는 이를 긍정적으로 검토하여 남북 실무단이 만나 합의서를 체결했다. 그러나 북한과의 실질적인 공동 연구는 더 기다려야 할 것 같다.

백두산이 분출을 한다면 어떠한 형태가 될까? 소규모로 일부 기체와 화산재를 분출할 수 있다. 혹은 1000℃의 액상의 마그마가 올라와서 대량의 현무암을 분출할 수도 있다. 더 대규모가 되면 현무암 분출과 화산재와 가스 분출이 번갈아 가면서 여러 차례 반복할 수도 있다. 과거의 분출을 보면 동일한 장소에서 13회 분출한 적도 있다. 백두산 천지에서 분출할 가능성도 있지만 주변의 다른 산체, 즉 측화산기생 화산, 북한에서는 위성 화산이라고 부름에서 분출할 가능성도 있다.

현무암이 분출하면 그 규모에 따라서 새로운 용암대지가 형성될 수도 있다. 용암이 평지로 흐르면서 낮은 곳을 메우는 동시에 평지를 더 높게 만든다. 그리하여 용암은 보다 높고 평탄한 넓은 면적의 용암대지를 만든다. 백두산 지역에서 한번에 5400km²의 면적에 걸쳐 용암이 분출한 사례도 있다. 그러나 점성이 높으면 아주 멀리까지 이동하지는 못한다. 그럼에도 분출량이 많으면 인근 지역에 엄청난 피해와 함께 지형의 변화를 가져온다. 규모는 폭발 당시의 지구 내부의 구조, 지층의 구조, 마그마 분출 통로의 특성, 마그마의 특성 등에 따라 달라진다. 두만강이나 압록강 중상류 지대에는 백두산 용암대지가 잘 발달하고 있다. 용암은 주위의 삼림을 불태울 것이다. 혹은 여러 하천들의 입구를 막아 언색호와 같은 호수를 만들 수도 있다. 다양한 방식으로 지형을 변화시킬 것이다. 백두산은 역사적으로 보면 화산재, 현무암의 용암, 그리고 다양한 암석들을 여러 차례에 걸쳐 분출했다.

화산재가 대량으로 분출되면 아이슬란드 화산 폭발의 사례에서 보듯이 지구 상에 매우 광역적으로 영향을 줄 것이다. 백두산은 중위도 편서풍 지대에 속하므로 분출할 때 일단 동쪽으로 이동하여 북한의 함경북도와 일본과 태평양 상으로 화산재의 낙진이 예상된다. 화산재가 높이 솟아 성층권까지 올라가면 태평양을 넘어 더 멀리까지도 날아간다.

가스와 먼지들은 날아가서 바로 동식물에 영향을 미친다. 당장 많은 가스와 먼지들이 하늘을 덮게 되면 햇볕을 가려서 기온이 떨어진다. 겨울 현상이다. 핵무기가 폭발할 때 핵먼지가 나온다. 이로 인해 태양 에너지가 차단되어 기온이 많이 떨어져서 겨울과 같이 된다. 핵겨울nuclear winter이다. 화산 폭발에 의한 먼지들이 하늘을 덮게 되면 역시 겨울처럼 기온이 내려간다. 화산겨울volcanic winter이라 할만하다. 가스와 먼지들은 인체에 매우 해롭고 치명적이기도 하다.

천지는 많은 수량을 가진 깊은 담수호이다. 만일 백두산이 폭발한다면 이 많은 물들이 흘러내릴 수도 있다. 물과 함께 많은 암편과 자갈과 모래와 토양들이 씻겨 내려가고 산사태가 발생한다. 그 흐름을 토석류土石流, debris flow[9]라

---

9 호우 등으로 갑자기 다량의 물이 공급될 때 물에 의해 완전히 포화된 사면의 일부가 아래로 이동

한다. 토석류 자체는 자연 현상이지만 사람들이 피해를 입는다면 자연재해이다. 어느 방향으로 터져서 어디로 흘러내릴지는 화산 폭발 당시의 상황에 따라 달라질 것이다.

폭발이 어떤 계절에 이루어지는가도 중요하다. 우리나라는 계절풍 지역으로 여름과 겨울에 따라 풍향이 바뀌기 때문이다. 겨울철이라면 북서풍이 불기 때문에 한반도 전체에 영향을 미칠 수 있다. 여름철에는 남동 계절풍이 불기 때문에 한반도에 미치는 영향이 보다 덜 할 것이다. 편서풍만을 보면 정확하게 서쪽에서 동쪽으로 부는 것인데, 이러한 편서풍이 산지와 같은 지형의 영향을 받아서 곡류하게 되면 동서 간의 이동에서 남북으로의 이동도 이루어진다. 이 경우에는 한반도 전역에 영향을 미칠 수도 있다. 또한 북한의 함경도 지역을 지나다가 동해안에서 해양과 육지 간의 기압 차나 기온 차로 남하하면서 동해안과 한반도의 동쪽 지역에 영향을 줄 수도 있다.

백두산은 폭발하는가?

백두산은 언제 폭발할 것인가? 주변 각국의 과학자와 연구자들이 관찰을 하고 있지만 단언하기가 쉽지 않다. 아주 가까운 장래에 폭발할 가능성은 없어 보인다. 그러나 백두산에 대한 관찰을 소홀히 해서는 안 된다. GPS를 통하여 화산 지형의 작은 움직임도 포착할 수 있다. 움직임이 심해지면 화산 내부에서 마그마의 움직임과 운동량이 증가하고, 에너지가 쌓이면 위로 분출하여 에너지를 해소하려고 할 것이다. 먼저 가벼운 수증기와 가스와 먼지들이 솟을 것이다. 다음에는 폭발성 물질이 분화할 수도 있고, 완만한 흐름의 점성이 낮은 현무암질 용암을 분출하여 먼 거리까지 이동할 수도 있을 것이다. 만일 이러한 사태가 발생하면 동북아시아의 지형과 생활 환경에 엄청난 변화를 가져올 것이다. 화산 폭발로 천지가 터져서 소멸되고 백두산의 높이

하는 것을 말한다. 토석류는 식생이 많지 않은 구릉지에서 잘 발생한다.

가 줄어들 수도 있다. 최근의 일본 대지진과 관련하여 대륙판과 해양판의 움직임이 심상치 않고 이러한 현상들이 백두산의 폭발을 촉발할지도 모른다는 주장도 일리가 있다. 거대한 판과 판의 역학 관계이기 때문이다.

따라서 보다 다양한 방법으로 장기적으로 정밀하게 관찰하여 정확하고 많은 정보를 얻게 되면 그 폭발 가능성에 대한 보다 정밀한 진단이 이루어질 것이다. 백두산 폭발도, 폭발을 대비한 준비도 오늘내일해서 파악하거나 해결할 문제는 아닌 것으로 보인다. 중국에서 백두산 근처에 원자력 발전소를 지을 계획을 하고 있다는 보도도 있었다. 중국의 발전 수요가 급증하지만 걱정이 된다. 백두산의 불안정한 지각 구조도 그렇지만 백두산 분화 시 기류의 방향을 따라 화산에 의한 피해뿐만 아니라 원자력 발전소에 문제가 생긴다면 방사능 피폭에 의한 한반도의 피해가 심각해질 우려도 있다.

어느 규모로 어떠한 형태로 폭발할 것인가? 그리고 폭발한다면 그 시기의 한반도 주변 대기층의 기상 상태에 의한 이동은 어떠한 모습일까? 이 모든 것에 대비해야 한다. 인력으로 어찌하지 못하는 자연 현상이므로 예방 대책은 없는 것으로 보아야 한다. 다만 지속적으로 관찰하여 분화 시기를 예측하여 적절한 대처 방안 등을 지속적으로 세워 나가야 할 것이다. 현재 백두산과 백두산체는 북한과 중국이 영토적으로 관할하고 있다. 그러나 우리나라도 헌법상으로 우리의 영토로 규정하고 있으므로 무심할 수가 없다. 또한 폭발 시 우리에게 미칠 영향을 생각해 볼 때 관심을 소홀히 해서는 안 된다. 현재는 주어진 기회에 연구만이 가능하니 안타까운 일이다.

동물의 시름, 땅의 시름, 인간의 시름

매몰에 따른 지하수 오염 걱정

구제역[10]은 1933년 국내에서 처음으로 발생한 이후 66년만인 2000년에 파주에서 다시 발생하여 전국으로 퍼졌다. 그리고 2010년 안동에서 시작된 구제역은 2011년까지 전국의 축산 농가를 괴롭혔다. 구제역으로 가축을 살처분해야 했던 축산 농가의 시름 외에도 살처분된, 때로는 생처분된 소와 돼지들이 매몰된 4200여 곳의 매몰지에서 발생한 또는 발생할 지하수 오염으로 전국적인 환경 재앙의 가능성을 불러왔다. 정부와 시민, 환경 단체 모두가 고민을 하고 있다. 경사지를 흐르는 지하수가 지형의 형태에 따라서 경사가 완만한 지대를 만나면 다시 솟아나는데, 이를 침출수라고 한다. 오염된 침출수가 전국 곳곳의 매몰지에서 솟아나고 있다는 소식이 들린다.

침출수가 솟아나지 않는다고 하더라도 지하의 기반암층 위에 저장되고 경사면을 따라 조금씩 흐르면 지하수층 진체가 오염될 가능성도 있다. 이 경우 심각한 문제가 된다. 부패한 가스들도 솟아나고 있다. 구제역은 진정되었고,

10 발굽이 두 개인 소, 돼지 등 우제류 동물의 입과 발굽 주변에 물집이 생기는 급성 전염병으로 치사율이 5~55%에 달한다. 특별한 치료법이 없고 예방법만 있다.

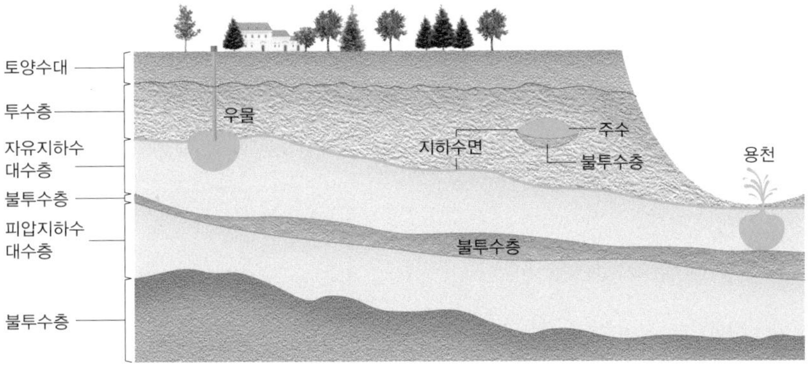

지하수 단면도

한때 폭등했던 돼지고기 가격도 안정을 되찾았지만 침출수는 계속해서 문제가 되고 있다.

지층의 구조와 그 사이를 흐르는 지하수

우리 눈에 보이는 지표면의 형태를 지형地形, landform이라고 한다. 지형을 이루는 암석과 광물은 지질地質, geology이라고 한다. 지형은 지질과 기후의 영향을 받아 현재의 모습을 지닌다. 그러나 문명의 발달로 지형은 인위적으로 많은 변모를 겪고 있다.

지형은 지표의 형상physiography과 표면의 지층layer으로 이루어진다. 일반적으로 지층은 맨 아래의 풍화를 받지 않은 기반암층bedrock layer이 있고, 그 위로 갈라진 틈을 가진 파쇄층fracture layer이 있고, 이들이 지표에 노출되어 풍화된 토양층soil layer이 있다. 토양층은 삶의 터전이자 농업과 삼림의 기반이다.

지층의 가장 아래쪽에는 기반암이라고 부르는 신선한 암석층이 있다. 신선하다는 것은 풍화와 침식을 받지 않은 상태를 말한다. 기반암층 위에는 충격과 풍화의 영향으로 부서져 있는 파쇄층이 나타난다. 기반암층은 오랜 세월 동안, 혹은 짧은 순간의 충격이 누적되는 등의 형태로 지구 내부의 활동인 융기, 습곡, 단층 등의 충격을 받게 되면 지표면에 드러나기 전에 갈라진 틈들이 생기면서 물과 공기가 스며들어 풍화가 시작된다. 풍화가 일어난 파쇄층은 기반암층 바로 위에 자리를 잡는다.

토양의 특징은 지질, 기후, 지형, 식생 등의 산물이며 인문적으로는 농업, 인간의 간섭 등의 영향을 받는다. 토양의 특징은 토양층의 깊이, 토양층의 구조, 토양 입자의 성격, 토양의 색깔 등으로 구분한다. 토양은 토양 입자광물질, 부식질, 토양 공기, 토양 수분, 토양 생물동물과 식물, 미생물 등, 식물의 뿌리층 등으로 이루어지는 복잡한 체계Rhizosphere이다.

토양 입자 사이의 빈 공간을 공극pore라고 하는데, 여기에 물과 공기와 미생물 등이 존재한다. 식물의 뿌리는 이러한 공극에 있는 물을 빨아들여서 물속에 녹아 있는 영양분을 섭취한다. 영양분은 기반암에서 유래한 광물질과 표면의 식물에서 유래한 부식질로 이루어진다.

토양층은 평지에서 깊게 발달하고 경사가 급한 곳일수록 얕게 발달한다. 경사지의 토양층은 토양 입자 단위로 느리지만 조금씩 아래로 이동한다토양 포행, soil creep. 산사태의 형태로 토양층의 일부가 덩어리 채로 급격하게 이동land slide하기도 한다.

지표로 떨어지는 빗물은 먼저 지층의 가장 윗부분인 토양층으로 스며든다. 스며드는 속도보다 더 많은 빗물이 지표면에 도달하면 흘러내린다. 경사가 거의 없어 흘러내리지 못하면 물이 쌓여서 침수된다.

지층의 구성 물질의 특성에 따라 다르겠지만 지하로 스며든 물은 계속 아래로 내려가서 틈이 없는 기반암층 위의 파쇄대 틈을 먼저 메우면서 지층 위로 차곡차곡 쌓인다. 이렇게 쌓인 층을 지하수층ground water layer이라고 한다. 지하수층이 띠를 이루면서 넓은 지역에서 연결될 때 대수층aquifer layer이라고도 한다.

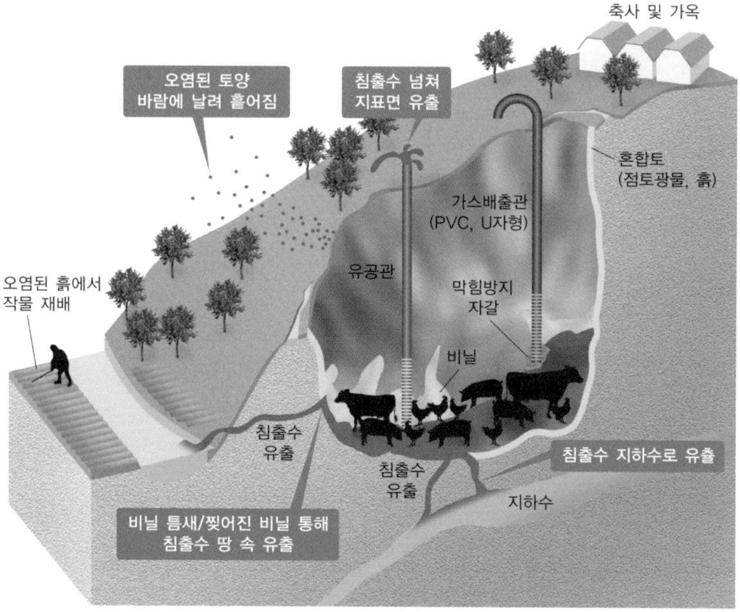

가축 매몰과 토양과 지하수 오염

지하수층의 가장 위의 면을 지하수면water table이라고 한다. 비가 계속되면 지하수면은 상승한다. 즉 지하수층이 두꺼워진다. 물론 가뭄이 지속되면 지하수면은 내려간다. 지하수층은 궁극적으로 하천, 호수, 해수 등과 연결된다. 인접한 호수나 하천과 연결되지 않고 지하에 고여 있는 지하수층을 화석 지하수층이라고 한다. 현재 농업용수와 생활용수로 중요하게 사용되는 리비아 사하라의 지하수층, 미국 대평원의 지하수층 등이 그 예이다. 이러한 화석 지하수는 채굴되면 다시 채워지지 않는 유한한 자원이다.

구제역으로 매몰된 동물의 사체들은 토양 오염과 지하수 오염을 거쳐서 하천 오염과도 연결된다. 땅 위로는 침출수와 가스, 지하수 흐름을 따라서는 침출수에 오염된 지하수들이 흐른다. 다양한 대책이 나오고 있다. 정리하면 구제역의 기록이 되고 교훈집이 될 것이다.

산, 흙을 토해내다

> 서울시가 '우면산 산사태 원인 조사 최종 보고서' 내용을 11월 30일 발표하였다. 결론은 시간당 85.5mm에 달하는 집중호우가 15시간 동안 내려 230mm의 누적 강우량을 기록, 붕적토崩積土, colluvium[11]층이 물을 더 이상 머금지 못하고 급격히 무너져 주변 아파트와 마을을 덮쳤다. 흘러내린 돌과 흙더미, 나무 등이 배수로를 막은 것도 원인 중의 하나로 지목했다. 조선일보 2011. 12. 2

말하자면 우면산 산사태는 인재人災가 아니라 천재天災라는 것이다. 그런데 과연 우면산 사태를 천재로만 볼 수 있을까?

토양의 이동과 비

이례적인 집중호우가 아니라면 우면산 산사태는 일어나지 않았거나 자연 상태에서 그러하듯 경미하게 일어났을 것이다. 삼림 피복으로 잘 보존되거나 경사가 완만한 사면에서도 적은 비에 실낱 같은 물길세곡(細谷), rill 자국이 만

11 풍화와 침식으로 퇴적된 토양이 중력 작용으로 이동하여 경사가 급한 산록에 퇴적되어 쌓인 것을 말한다. 붕적토와 하부 지반 사이의 경계는 매우 연약할 수 있어 기초 지반으로 적합하지 않으며, 빗물이나 지하수의 갑작스런 유입 시 무너져 내릴 확률이 높다.

우면산 산사태. 쏟아져 내린 토사가 남부순환로를 덮쳤다.

들어지거나 조금 표 나게 굵게 파인 물길우곡(雨谷), gulley 자국이 만들어지면서 침식이 이루어진다. 집중호우가 아니더라도 일반적으로 비가 내리면 어디선가 사면의 흙은 깎여 나간다. 여기서 깎인 흙들은 최종적으로 바다까지 이동하여 해안의 모래사장을 이루는 원인 물질이 된다. 수 센티미터에서 수십 미터로 발달하는 세곡과 우곡은 비가 그치고 시간이 지나면 메워져서 그 흔적이 사라질 수도 있지만, 반복되면 하천 최상류의 물길로 발전하기도 한다.

비가 오지 않을 때도, 숲이 잘 우거진 곳에서도, 사면에 잘 발달한 흙으로 이루어진 표층表層도 오랜 시간에 걸쳐며칠에서 몇 년간 아주 조금씩 흘러내린다. 이를 토양포행이라고하며, 사면상에 발달한 토양층 어디에서나 발생 한다. 군사 훈련이나 전쟁터에서 낮은 포복으로 이동하듯이 느리게 조금씩 토양 알갱이나 알갱이 몇 덩어리가 아래로 밀려 내리는 것이다. 이동 모습을 눈으로 확인하기는 어렵지만, 그 증거로 비탈에 선 나무의 밑동을 보면 직선이

산사태 피해 복구 중인 우면산

아니라 사면 방향에 직각으로 굽어져 있는 것을 통해 알 수 있다. 세월이 지나면 경사진 곳에 조성된 묘소들이 이동되어 자손들을 갸우뚱하게 만들기도 한다.

토양포행과 우곡, 세곡 등은 사면에서 자연스럽게 일어나는 토양 표층의 일상적인 흘러내림 현상이다. 이것을 두고 인재라고 하지는 않는다. 그러나 우곡과 세곡도 삼림이 제거되어 사면 토양이 노출되면 세곡의 깊이나 길이가 깊고 길어지면서 초보적인 산사태로 발전한다. 우면산 산사태 원인 보고서에서 말한 붕적토라는 용어 자체가 산사태 등으로 이동된 표층 물질로 이루어진 자연적인 사면 표층을 말한다. 이동된 물질들은 흙, 자갈, 점토질, 유기물 등이 뒤섞여진 것들이다. 참고로 하천에서 이동되거나 홍수로 이동되어 범람원이나 삼각주 등에 쌓인 표층을 충적토沖積土, alluvium[12]라 하고 평탄

12 풍화 생성물이 하천에 의해 운반되어 쌓인 것으로 하천의 상류에서는 비교적 입자가 큰 암편이나 자갈, 모래 등이 퇴적되며 하류에서는 진흙, 점토 등이 퇴적된다. 하천에 하류에서는 충적평

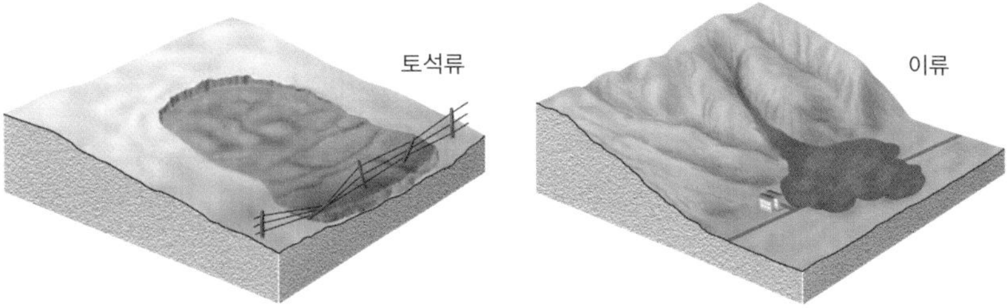

토석류와 이류

한 지형을 이루므로 농경에 유리하다.

우면산 산사태의 원인과 발생

이번 산사태의 형태는 단연 이류泥流, mudflow[13]와 토석류 두 가지였다. 이류는 토양이 잘 발달한 사면에서 물을 잔뜩 머금은 토양층이 거대한 흐름을 만들면서 묽은 죽처럼 흘러내린 것이다. 여기에 더하면 토양 아래 기반암이 파쇄되어 토양화 전 단계에 있던 자갈층까지 흘러내리게 만들었다. 이때 자갈과 흙이 함께 섞여서 흘러내리는 것을 토석류라고 한다. 이류로 시작하여 보다 깊은 토석류로 발전한다. 토석류까지 흘러내리면 그 아래는 단단한 기반암층이 나온다. 토양 표층이 완전히 흘러내린 것이다. 더 심해지면 기반암도 파인다. 시간이 흐르면 이류나 토석류가 발생한 사면곡의 측방이 무너져서 이류와 토석류의 흔적은 점차 지워질 것이다. 그러나 비가 오면 이곳은 물이 흐르는 계곡으로 바뀌면서 점차 곡류가 영구화된다. 그 산기슭에는 아마도 토목 공사를 통해 영구히 물길을 만들어 주어야 할 것이다. 도시의 산지 계곡

야를 형성하여 농경지로 이용되기도 한다.

13 주로 건조, 반건조 지역의 유역 분지에서 발생한다. 이들 지역은 비가 자주 내리지 않고 한번 내릴 때 많이 내린다. 따라서 물이 토양으로 흡수되기 어려울 정도의 유량이 발생하게 된다. 입자가 작은 토양은 유수에 의해 사면에서 침식되고 하류로 이동하면서 더 많은 물질들과 합쳐져 하류로 이동한다. 이류는 사면의 표면과 하계망을 따라 이동하는 특징이 있으며 비교적 빠르게 이동하므로 인명 피해의 위험이 높다.

은 심산의 계곡과는 달리 도시 토목적으로 관리될 것이다.

우면산은 편마암 산지로서 토양층이 잘 발달하였고, 삼림으로 피복이 잘 되어서 어지간한 비가 내려도 별 문제가 없었다. 그러나 삼림을 제거하고, 산록을 잘라서 평지를 만들어 주거지를 조성하고 다양한 건축물을 지으면서 그 뒤로 수직에 가까운 절개지를 만들고, 산지에 여러 도로들과 등산로를 만들어서 토양층이 잘 무너질 수 있는 환경을 만든 것이 문제였다. 1차적으로는 비가 이례적으로 많이 온 것이 우면산 산사태의 가장 큰 원인이었다. 그러나 산을 깎고 산림을 제거하여 인공물을 축조한 것도 산사태를 만든 요인이다. 인재인 측면도 있는 것이다. 다만 이러한 개발들은 장기간에 걸쳐서 이루어진 것이기 때문에 그 인과 관계와 영향의 정도 및 비율 등을 밝히기가 쉽지 않은 것뿐이다. 2012년 초 서울시는 우면산 산사태의 원인을 다시 조사하겠다고 발표하였다. 산사태 이전의 모습, 산사태 직후의 모습, 복구 후의 모습 등이 정확한 분포도와 함께 보고서 형태로 남겨지면 좋을 것이다.

산은 산이요…

산 아래 쪽에 들어선 주거지나 건축물들이 산사태 피해를 입은 사례를 서울에서도 많이 경험했다. 도시화가 진행되고 인구가 늘어나면서 어쩔 수 없이 산자락에서 산기슭으로, 산 중턱으로, 심하면 산 위에까지 올라갔다. 그러나 사실 가장 좋은 것은 산지는 있는 그대로 삼림으로 두는 것이다. 새로운 시설물을 세우거나 도로를 만들거나 할 때는 산지 사면의 상태경사도, 삼림 피복도, 토양층의 두께, 기반암의 풍화 정도, 표층의 구조 등을 고려해야 한다. 그런데 공사를 할 때 맑은 날, 평화로운 날 하니 여기까지 생각이 미치지 않는 것이다. 산지 전체를 고려할 수 있는 것은 개인이나, 기업들이 아니라 행정 당국인 관련 정부 부처나 서울시밖에 없다.

개발되지 않았던 과거의 우면산牛眠山은 한자 그대로 소가 잠을 자는 형국으로 평안한 산지였다. 삼림이 벗겨지고, 산자락에 절개지를 만들고, 도로로 절단하면서 문제가 발생한 것이다. 이러한 인재는 비교적 오랫동안 누적된 것이다. 산사태는 자연 상태에서 자연적으로도 발생하지만 인위적으로 발생 요인을 만들고, 도시화가 되면서 피해 대상이 늘어난 것이 문제이다.

천재인가 인재인가의 정도를 따지고, 그에 따라 책임 추궁의 비율을 정하는 것은 참으로 요원할 것이다. 해외 전문가들에게 맡기자는 말이 있는데, 이것은 국내 전문가들의 실력을 믿지 못해서가 아니라 아는 사람들끼리 부대낀 전문가들이 인지상정, 온정주의 등으로 객관성을 유지하기 어려워서라고 믿고 싶다.

성철 스님의 '산은 산이요, 물은 물이다.'라는 말씀이 듣는 이들에 따라 참으로 여러 갈래로 해석이 된다. 여기서는 산은 산으로 그대로 두고, 물은 물로 그대로 두자는 말로 해석하고 싶다. 허나 복잡한 도시에 살고 있는 도시민들이 그 좋은 산을 어찌 그대로 두겠는가? 도시도 복잡하고 주민의 심경도 복잡하다.

여름이면 떠나는 물놀이와 하천 지형

우리들은 일반적으로 계곡을 어떤 지형으로 인식하고 있을까? 여름철 산을 탈 때면 물이 맑은 계곡에 발을 담갔으면 하는 바람이 든다. 그런데 해마다 계곡에서는 다수의 인명 피해가 나므로 계곡의 특성을 이해하고, 조심하는 태도가 필요하다. 하천은 물로 차 있어 표면에서는 다 똑같아 보이지만 물속의 지형은 다양하고, 물의 흐름과 속도도 다양하다.

자연 하천과 산지 계곡이 많은 우리나라에서는 물놀이 사고가 많이 발생하는 편이다. 그러나 물놀이 사고는 장소에 상관없이 조금만 방심해도 일어날 수 있으므로 상류부터 하류까지 하천 지형을 이해하고 이를 바탕으로 안전에 대비하는 것이 중요하다.

하천의 상류, 중류, 하류

우리가 물놀이를 갈 만하다고 생각하는 아름다운 계곡들을 상상해 보자. 일단 평지의 큰 하천에서 더 높은 곳으로 올라가면 경사가 어느 정도 있고, 기반암이 노출되어 있으며, 흐르는 냇물이나 개천의 폭이 그리 넓지 않은, 말하자면 폭이 좁고 양쪽에 숲이 전개된 곳이 먼저 떠오를 것이다. 더하여 곡류를 하는 곳에는 모래가 쌓여서 물놀이를 위한 백사장을 제공하는 곳도 있다. 물론 하천마다 차이는 있다. 이들 지역은 하천 지형 전체에서 볼 때 상류에 해당한다. 더 올라가면 경사도 더 급해지고, 계곡의 폭은 더욱 좁아진다. 계곡은 강과 하천의 상류로서 그 이름들이 하천의 이름을 가지기 보다는 계곡 이름으로 불린다. 아름다운 계곡은 유명해지면서 명승지가 되고, 자연 문화재로 보호되기도 한다. 오래 전부터 경치가 좋은 계곡 주변에는 정자가 다수 지어졌다.

한탄강 고석정 유원지

계곡에서 하류 쪽으로 내려오면 당연히 여러 계곡들이 합쳐지면서 경사가 완만해지고 폭이 넓어진다. 큰 하천이 되고 천과 강의 명칭이 붙는다. 강이 되면 관리 주체국토해양부 장관, 지방자치단체장 등를 명시한 간판이 군데군데 서 있고, 제방도 보이기 시작한다. 이 정도가 되면 주변이 많이 개발되어 물놀이나 강수욕을 하기가 그리 용이하지 않다. 그늘도 없어 쉼터로서의 기능도 어렵다. 그러나 하천의 백사장이 남아 있고, 자연제방과 유사한 곳에 더러 송림이 형성되어 있으면 좋은 쉼터가 된다. 그 아래 백사장에서는 강수욕을 한다. 이런 숲은 인위적으로 만들어진 것이 대부분이다. 함양의 상림, 울산의 대숲, 밀양의 긴숲, 하동의 송림, 하회의 송전 등이 대표적이다. 이러한 숲은 여름철 홍수 시에 침수나 제방의 유실을 막아 주는 기능도 한다. 물론 기후 순화의 기능도 있다.

계곡 물놀이 시 유의할 지형

계곡 물놀이에서 안전에 유의해야 하는 이유는 평지의 하천과 달리 갑작스러운 폭우에 물이 매우 빨리 불어난다는 점 때문이다. 배후 산지가 물을 흠뻑 받아들이면서 지표면의 물줄기로, 기반암의 틈새와 지표와 가까운 지하수 등으로 급격히 물이 불어난다. 더욱이 계곡은 그 자체가 많은 지류들을 지니고 있는데, 이 지류들이 가지 모양으로 형성되어 있는 경우에는 지류를 통한 물들이 동시에 집수되어 물이 급격히 불어나게 된다. 상류의 계곡은 물이 불어나면 경사가 급하여 급류를 형성하고, 급류에 휩쓸리면 기반암 바닥과 계곡으로 분리되어 떨어져 나온 크고 작은 바위들에 부딪치게 된다. 위험하다. 일반적으로 전체 하천에서 상류에 해당한다.

계곡의 폭포는 경치가 아름다워서 사람들이 많이 찾는다. 그런데 폭포수 아래 웅덩이는 폭호瀑壺; 폭포가 떨어지는 힘에 의해 패인 웅덩이라고 하여 수심이 매우 깊다. 함부로 들어가면 인명 피해가 나는 등 위험하다. 떨어지는 물의 힘이 강력하여 물이 표면에서 바닥으로 회돌이를 하므로 자칫하다간 소용돌이에 빨려 들어갈 수 있다. 계곡의 물이 줄어 수위가 낮아져서 폭호의 보다 깊은 곳의 모습을 보면 기반암이 다른 곳보다 더 깊게 패인 모습을 확인할 수 있다. 회돌이로 내려간 물에 의한 굴식掘蝕; 아래쪽을 파고 들어가는 침식 방식이 일어나기 때문이다. 따라서 폭호에서는 수영 금지가 마땅하다. 한편 겨울철 폭포가 얼어 빙벽이 만들어지면 등반 애호가들의 사랑을 받는다.

한탄강 재인폭포

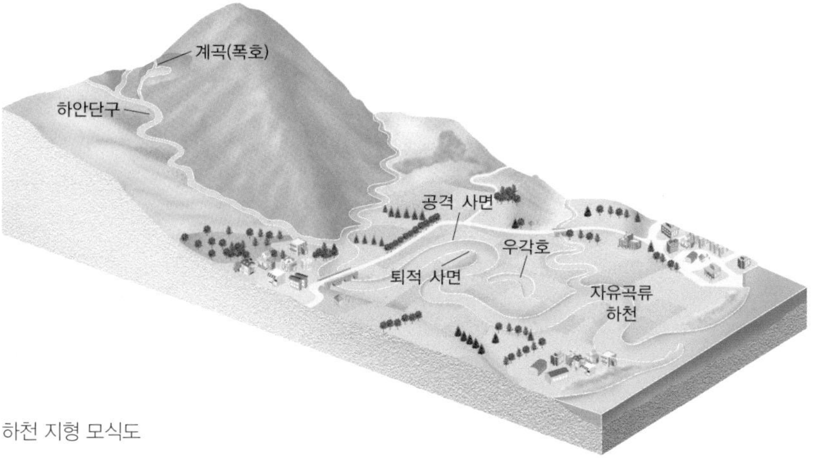

하천 지형 모식도

좀 더 하류 쪽으로 내려와서 작은 규모의 폭포나 급류 아래에는 얕게 패인 기반암 웅덩이가 있다. 수심이 적당하고 물이 깨끗하여 사람들이 물놀이 장소로 많이 이용한다. 전국 여러 곳에서 선녀탕으로 알려져 있는데 선녀와 나무꾼의 전설이 만들어질 만한 곳들이다.

특히 상류에서 물놀이를 할 경우에는 일기예보에 유의해야 한다. 산지에서의 강수는 평지의 그것과는 차원이 다르다. 고도가 높아서 응결고도수증기가 물방울로 변하는 고도에 가까워 지형성 강우가 평지와 다르게 자주, 많이 올 수 있다. 최근 비교적 큰 하천과 계곡에는 안전을 위해 경고 방송용 스피커를 많이 세워 두고 있다.

하천 물놀이 시 유의할 지형

깊은 계곡까지 가지 못하면 비교적 작은 범람원 상의 하천과 강에서 강수욕을 한다. 이들 지역은 하천의 중류에 해당하는 경우가 많다. 마을에서도 가깝다. 백사장이 넓으면 대형 텐트도 치고, 아예 자동차를 백사장으로 몰고 들어올 수도 있다. 솥도 걸어 놓고 삼겹살도 굽는다. 2009년 북한의 사전 예

예천 회룡포, 퇴적 사면이 잘 발달해 있다.

고 없는 방류로 일어난 임진강 인명 피해 사고 지역도 여기에 속한다. 사실 갑작스런 무단 방류가 없다면 어느 정도 규모가 있고, 하천 구배가 비교적 완만한 곳에서는 비가 많이 오더라도 물이 불어나는 데 시간이 조금 걸리고, 이를 충분히 감지할 수 있으므로 갑자기 불어난 물에 사고가 나는 경우는 드물다.

그렇다면 이러한 하천에서의 안전 문제는 어떤 것이 있을까? 일반적으로 하천은 곡류를 하는데, 돌아가면서 물이 몰아치는 곳에는 기반암이 침식되어 높은 절벽을 만든다. 하천 지형의 공격 사면에 해당한다. 반대로 물의 힘이 상대적으로 덜 미치는 곳에서는 물의 흐름이 느려져서 물에 실려 온 퇴적물이 쌓인다. 퇴적 사면이라고 한다. 흔히 백사장이 된다. 이러한 퇴적 사면이 규모가 커지면 과거의 사면은 고도가 높아지고 홍수 시에도 물이 들지 않게 되어 경작지나 주거지가 들어선다. 하천 지형적으로는 하안단구河岸段丘, river terrace라고 한다. 안동의 하회마을물돌이동, 예천 내성천의 회룡포 등이 유명하다. 그래도 외곽에는 제방을 쌓는다. 공격 사면의 절벽 위에는 보통 전망이 좋아서 정자가 있다. 정자는 없지만 하회마을이 내려다보이는 공격 사면 절벽 위에는 부용대芙蓉臺가 있다.

하천에서 하도의 특징은 깊이가 다르다는 것이다. 상류에서 하류로의 종단면이나, 하천의 특정 부분을 가로지르는 횡단면을 잘라 보면 깊이가 다 다르다. 흐르는 물의 공격 사면에서는 흐름이 매우 빠르며 따라서 퇴적물이 쌓일 수 없으므로 수심이 깊다. 반대로 퇴적 사면은 당연히 수심이 얕다. 백사장 쪽에서 절벽 쪽으로 갈수록 깊어지는 것이다. 수영을 하다보면 공격 사면 쪽으로 갈 수 있는데 그곳은 상대적으로 깊고, 물살이 세고, 그리고 물이 더 차갑다. 또한 물이 표면에서 아래로, 그리고 수평면으로 회돌이를 하기도 한다. 힘이 빠지면 돌아 나오기가 힘들어질 수 있으니 조심해야 한다.

상류에서 하류로 내려오면서도 여울에 해당하는 부분은 얕고, 여울과 여울 사이의 소沼; 웅덩이는 상대적으로 깊다. 보통 여울에 섶다리를 놓아서 건너기도 한다. 충북 진천에 있는 농다리도 여울에 놓여 있다. 평소에는 신발을 벗고 건너기도 하지만 물이 불게 되면 여울도 위험하다. 소는 깊고 흐름이 상대적으로 느리다. 회돌이하기도 한다.

수영이 미숙한 경우 본인도 모르는 사이에 점점 깊은 곳으로 가다 보면 되돌아 나오기 어려울 수도 있다. 그러다 보면 힘이 빠지고, 공포감이 들고, 체온이 떨어지면서 사고가 일어날 수 있다. 안전 요원이 없는 경우에는 수영에 자신감을 너무 갖지 말아야 한다. 전문적인 지식과 능력을 가진 요원들이 배치된다면, 물놀이객들이 보다 안전하게 물놀이를 할 수 있다. 심리적으로도 안도감이 있고, 또한 안전 요원을 보면서 안전에 유의하려는 생각도 생긴다. 그만큼 안전 요원은 중요한 것이다. 그러나 무엇보다 중요한 것은 스스로 주위의 자연 환경을 잘 살펴 조심하는 것이다.

3

경제와 사회를 담은 지리 교실

스마트폰과 지리적 조건 극복의 역사

인류의 역사, 문명의 역사는 발전의 역사이고, 발전은 지리적인 조건에 적응하거나 혹은 변형해 온 역사이다. 물론 모든 분야가 그러한 것은 아니지만

그라이아 섬 사이를 지나가는 대상

인류는 먼 곳, 미지의 세계에 대해서 알고자 했다. 이처럼 인간만이 갖는 이상한 호기심은 문명 발전의 근본이었다.

교통초기에는 수운의 발달은 교역을 통하여 서로 다른 지역에서 생산된 물질들의 교환을 가능하게 하였다. 이는 수렵과 채집의 시대와 자급자족의 시대를 넘어서 인류 문명의 발전에 크게 기여했다. 실크로드Silk Road, 무역풍trade wind, 카라반Caravan[1] 등은 지표의 동서와 남북을 섞어 놓았다. 완전하지는 않지만 한국과 칠레의 FTAFree Trade Agreement는 서로 다른 기후와 지형에서의 산물들을 맞교환하는 한 가지 예이다.

인터넷의 발달과 퓨전

최근 지리적인 거리를 극복하는 데 있어 가장 획기적인 사건은 인터넷의 발달일 것이다. 공간과 거리에 따른 지리적 조건의 제약을 받지 않고 서로 소통하게 해 준다. 개인들은 컴퓨터를 이용하여 메일과 홈페이지와 SNSSocial Net work Service 등을 통하여 실시간으로 소통한다. 국제 전화 요금도 점점 가격이 저렴해지고 있으며, 인터넷을 통하면 화상 통화도 가능하다. 전 세계 대부분의 장소와 시설에서 컴퓨터와 인터넷을 사용할 수 있는 시대가 왔다. 스마트폰을 비롯한 단말기의 발달과 트위터, 페이스북 등 SNS의 활성화가 이를 잘 말해 준다. 유비쿼터스 시대를 넘어 스마트 시대가 도래한 것이다.

인터넷의 발달은 퓨전fusion을 가져왔다. 융합이다. 이는 지리적 조건이 다른 곳에서 가져온 것을 자신들의 방식으로 변형하여 즐기는 것이다. 가지고 있던 것과 가져온 것을 섞어서 새로운 것을 만들고 즐기고 즐거워한다. K-pop은 극대화된 퓨전이다. 보다 미국적이고 유럽적이지만 미국과 유럽에

1 낙타 등에 특산물을 싣고 다니면서 팔고 사는 상인들의 무리를 말한다. 이들은 아시아나 아프리카의 사막, 초원 등을 다녔으므로 위험에 노출되기 쉬웠다. 따라서 자연스레 무리를 지어 다니게 되었다.

는 없고, 한국의 과거에는 없었지만 현존하여 세계로 뻗어 가고 있다. 결코 지리적인 조건의 차이에 얽매이지 않는다. 지리적인 조건에 따른 지역적 개성locality이 오히려 특허와 같은 상표가 되기도 한다.

언제나, 어디서나

한때 라틴어로 '언제, 어디에나 존재한다'는 뜻의 유비쿼터스ubiquitous라는 말이 유행했다. 즉, 시간과 장소에 구애받지 않고 네트워크에 접속할 수 있는 정보통신 환경을 뜻한다. 어디에 있던지 소통과 시설의 사용이 가능하다는 개념이다. 유비쿼터스 시티ubiquitous city가 그러하다. 어디에서든지 컴퓨터를 쉽게 사용하고, 밖에서도 집안의 여러 시설들을 조절하고, 점검한다. 요즘은 이 용어의 사용이 주춤하지만 여전히 유비쿼터스의 개념과 그 환경을 구축하기 위한 노력은 계속되고 있다.

요즘 사용되는 용어로 클라우드 데이터 시스템cloud data system이 있다. 하늘에 떠 있는 무수한 구름과 같은 인터넷상의 서버에 대용량의 처리 시스템을 담아 두고 공유하면서 개인들은 그들의 장치데스크톱, 노트북, 태블릿 pc, 스마트폰 등에서 언제, 어디서나 자유롭게 정보를 불러다가 사용한다는 개념이다. 개인들이 사용하는 장치는 이제 대용량의 처리 시스템들을 가질 필요가 없고, 자신에게 필요한 처리 방식을 불러오는 체계만 갖추면 된다. 어떤 복잡한 것이라도 처리해 준다. 사용자들은 구름처럼 엄청난 처리 시스템을 가진 클라우드의 구조에 대해서 굳이 알 필요가 없다. 구름에서 개념을 얻은 것이 신기하다.

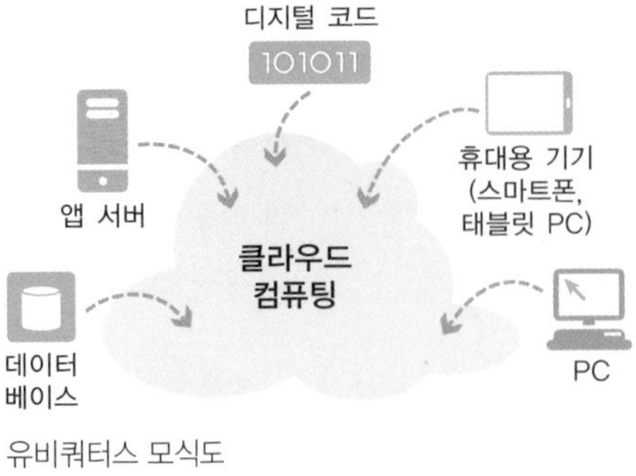

유비쿼터스 모식도

스마트폰smart phone은 휴대전화의 기능에 더하여 인터넷 통신과 정보 검색 기능 등 컴퓨터의 기능을 지원하는 단말기이다. 자체가 컴퓨터이고 인터넷, USB이다. 스마트폰은 기존의 휴대전화처럼 제품에 따라 기능이 한정된 것이 아니라 다양한 애플리케이션을 통해 사용자가 기능을 확대할 수 있다. 지리학자인 필자에게는 특히 상세한 지도를 다양한 축척 조절로 이용 가능하다는 점과, GPS 기능이 유용하다.

증강현실augmented reality은 인터넷이 첨단으로 발전하면서, 특히 스마트폰이 유행하면서 등장한 말이다. 눈으로 보는 현실 세계에 가상의 물체를 겹쳐 보여 주는 기술이다. 예를 들면 GPS가 가고자 하고 알고자 하는 특정 장소와 지역에 대하여 지도를 통해 알려 주는 장치라면, 이에 더하여 원하는 지역과 장소와 시설에 대한 정보를 알려 주는 것이 증강 현실이다. GPS를 통해서는 목적지까지 가는 길을 평면의 지도 위에 선으로 표시해 주지만, 증강현실에서는 마치 그 길을 걷고 있듯이 주변의 사물을 나타내 준다. 마치 현실처럼 보다 상세하게 알려 주겠다는 개념이다. 증강현실을 통하면 원하는 장소에 직접 가지 않더라도 그곳의 지리 정보를 파악할 수 있는 것이다.

'모든' 사람이 다 접근할 수 있다?

그래도 전 세계의 모든 지역에서 모든 사람들이 이러한 혜택을 다 누리는 것은 아니다. 오래된 개념으로 동서의 차이동양과 서양는 많이 사라졌다고 하지만, 남북의 차이선진국과 후진국는 아직 많이 남아 있다. 여기에 종교와 인종 등의 요소가 더해진다면 지역 차이는 더욱 벌어질 것이다.

찰스 다윈Charles Robert Darwin, 1809~1882년[2]은 서로 다른 지리 조건에 어떻게 적응하는가에 따라 다른 모습으로 진화하는 생물의 종들을 연구했다. 진화론 개념의 구조를 두 가지로 잘라 표현한다면, 먼저 '지리적인 조건에 맞추어

---

2 영국의 생물학자. 생물진화론을 정립하여 『종의 기원』을 발표하였다. 1831년 비글호에 탑승하여 남아메리카, 남태평양의 여러 섬들과 오스트레일리아를 탐사하였다. 특히, 갈라파고스 제도의 여러 섬에 살고 있는 핀치 새의 부리 모양 등이 각 섬에 따라 다르게 변이된 것을 통해 진화론을 공표하고, 그 원인으로 자연선택설을 주장하였다.

다양한 종들로 분화한다'는 것이고, 다른 하나는 '같은 지역이나 장소라면 가장 잘 적응하는 종이 그 지역의 우점종이 된다'는 것이다. '강한 자'가 살아남는 것이 아니라 '적응하는 자'가 살아남는다. 진화론에 따르면 생물들은 지리적 조건에 따라 진화하고 적응하면서 생태계를 유지시켜 나간다.

문제는 인류의 경우 진화 속도가 너무 빠르다는 것이다. 지리적인 조건을 너무 과도하게 극복하는 것이 아닌가 하는 생각도 든다. 어찌 보면 인간을 위해 새로운 조건들을 만드는 것 같기도 하다. 에릭 슈미트Eric Emerson Schmidt 구글 회장은 '증강인류'라는 표현을 사용했다. 이는 인류 진화의 방향을 표현한 것이다. 인류는 매우 크고 빠른 배를 탔다. 빠르고 큰 배 안에서는 그 배가 얼마나 빠른지 잘 모른다. 다만 그 속에 실려 있을 뿐이고, 구름 같은 복잡한 배 안에서 인터넷과 스마트폰을 사용하고, 유비쿼터스 속에서 증강하고 사는 것이다.

과거에는 개인이 필요에 의해 소통하려고 했으나, 이제는 강제되고 증강된 소통 속에서 새로운 필요를 서로서로 생산하고 있다. 소통 없이는 그 간단한 휴식도 없다. 여기서 말하는 소통은 인간적인 교감과 이해보다는 인터넷과 스마트폰을 이용한 관계 형성이다. 앞으로는 이러한 것을 더욱 누구나, 언제나, 어디서나 사용하게 될 것이다. 더 먼 장래를 보면 지구 상의 부존된 에너지와 자원이 이들에 대한 또 다른 진화의 방향을 잡아 줄 것이다.

지리학자는 지역과 장소의 차이에 대한 설명으로 살아간다. 지역에 대한 정보가 어디에서든지 쉽게 찾을 수 있고, 그 차이도 크지 않다면, 지리학자들도 새로운 영역을 찾아야 한다. 지리학의 진화와 적응을 생각한다. 공간 속에서 증강과 융합과 소통을 찾고 만들고 결합하는 Guiding Geography, New Geography, Smart Geography 등으로 불리는 그 무엇이 될 것이다.

지구화 시대의 우리나라의 다문화

불법 체류 외국인 노동자 단속, 농업 분야 노동자들에 대한 단속 완화, 외국인 대신 한국인 고용 시 1인당 120만 원 지원, 결혼 이주 여성의 슬픈 사연들, 한국어 배우기, 다문화 가정 자녀들이 학교에서 받는 차별과 소외, 이방인에 대한 편견이 심한 한국인, 정부의 다문화 정책, 세계 최고의 저출산은 외국인 노동자를 1000만 명까지 늘릴 수도 있을 것이라는 추정, 안산시 원곡동의 다문화 거리 이야기, 방글라데시의 스님 이야기, 이주 노동자에 대한 차별 정책 비판 등 외국인 이주자와 관련된 다양한 내용들이 언론을 장식하고 있다. 최근 들어 부쩍 많아졌다는 생각이다. 그들은 우리가 원해서 불렀고, 더러는 그들도 필요에 의해서 우리나라로 왔을 것이다. 코리안 드림과 금의환향을 꿈꾸면서 왔을 것이다. 우리도 불과 30, 40년 전에 그러했다.

우리나라와 다문화

다문화多文化, multiculture란 우리나라 내에서 한민족의 문화만이 아닌, 소수이지만 여행처럼 잠시 머무는 것이 아니라 우리나라에 정착한 여러 민족들의 문화가 함께 하는 다양한 문화들의 만남, 혹은 집합을 말한다. 외국인 이주자의 유입으로 자연스럽게 그들의 문화가 들어오면서 우리나라의 문화와 공존하게 된 것이다. 이것들은 앞으로 한국 문화의 새로운 방향을 제시할지도 모른다. 문화는 인간의 행태이고 살고 있는 지역, 장소, 환경 등 장기간에 걸쳐 지리적 영향이 집단적 관습과 행동과 태도, 활동 등으로 나타나는 것이다. 그것은 여유로운 유희일 수도 있고, 때로는 살아가는 중요한 방식, 그리하여 보다 절실한 현실일 수도 있다.

다문화는 '여러 문화가 그 고유성을 어느 정도 유지하면서 혼재된어느 정도 물리적인 상태로 존재하고, 분리할 수 있는 상태'로서의 새로운 문화일 수도 있고, '여러 문화가 혼합되어서 새로운 제3의 문화로 변용된혼합되기 전의 개별 문화의 흔적은 어느 정도 찾을 수 있지만 원래로 돌아갈 수 없는 상태'로서의 새로운 문화일 수도 있다. 양자의 어느 중간일 수도 있을 것이다. 그만큼 문화란 간단히 정의하기도 어렵지만, 그렇다고 매우 복잡하고 난해하기만 한 것도 아니다.

미국은 일찍이 다문화 사회로 출발했고, 문화의 세계화를 선도했다. 이제는 전 세계가 다문화 시대로 가고 있다는 주장도 있다. 최근에는 우리나라도 다문화 사회가 되었다고 말한다. 우리나라는 경제가 급속히 발전하면서 단순·비숙련 노동력이 부족하게 되었고, 이에 따라 개발도상국의 많은 인력들이 국내로 들어오게 되었다. 필리핀, 방글라데시, 미얀마, 베트남, 인도네시아, 네팔, 파키스탄, 중국조선족 포함, 몽골, 러시아 등 출신 국가들도 다양하다. 외국인 이주자들을 위로하기 위하여 '아리랑 다문화 축제'가 해마다 서울의 올림픽 공원에서 열린다. 100여 개 국의 이주 노동자와 결혼 이주자들이 모여, 일부 국가들은 홍보관을 설치하고, 전통 음식과 민예품들을 팔고, 가장 행렬을 하고, 춤과 노래와 함께 하루를 즐긴다. 필자도 참가하여 여러 나라들의 전통 의복과 춤과 결혼식, 가장 행렬들을 구경하였다. 사진으로도 남기면서 '한국에서 세계지리를 편안하게 배우는구나.' 하는 생각을 하였다.

경제가 발전하면서 공업화와 도시화로 농촌에 젊은이들, 특히 젊은 여성

안산시 다문화 거리

들이 감소하면서 농촌의 미혼 남성들을 위하여 베트남과 필리핀 등의 여성들이 신부로 우리나라에 많이 들어왔다. 그들은 간이 귀화나 거주 기간에 따라 영주권 취득, 귀화 등을 통해 제도적으로 우리 사회에 완전히 들어오게 된다. 그러나 문화가 달라 쉽게 적응하지 못하고 갈등하면서 정신적 또는 육체적으로 안정된 삶을 누리지 못하는 사례가 많다. 최근에는 말 못할 사연들이 TV 등을 통해 많이 알려지면서 NGO와 봉사 단체, 종교 단체의 도움의 손길이 이어지는 한편, 사회 문제로 크게 부각되면서 정부도 부처별로 다양한 정책을 마련하고 있다. 그들이 이 땅에 무사히 정착하면 국력이 된다. 그러나 많은 곳에서 그들은 아직 디아스포라로 남아 있다. 역으로 해외로 나간 한국인들의 어려움을 생각해 보고 외국인 이주자들을 바라보는 것도 이들을 이해하는 데 도움이 될 것이다.

타의로 또는 자의로 흩어진 사람들

먼저 디아스포라Diaspora의 사전적인 의미는 이산, 분산, 이방인, 흩어진 사람들이라는 뜻이다. 일반 영어 사전, 백과사전 등 모든 사전에 실려 있는 용어이다. 그리스어 dia over; 넘어서와 spero to sow; 뿌리다, 흩뜨리다가 합쳐진 말로 원래의 지역이나 장소를 넘어서 흩어진다는 뜻이다윤인진, 2004. 고대에 그리스가 지중해 일대에 식민지를 건설하면서 자국의 국민들을 식민지로 이주시킨 것, 식민지로 이주한 사람들을 의미하면서 긍정적인 의미로 사용되었다.

그다음의 뜻으로 유대인들의 역사에서 바빌론 포로 시절, 그들의 고향인 팔레스타인으로부터 강제 이주하여 바빌론에 살던 시절의 상태, 그때의 유대인을 의미했다. 주로 대문자 Diaspora로 사용하면서 고유명사가 되었다. 부정적이며 슬픈 의미로 사용된 것이다. 1948년 팔레스타인 지역에 그들의 국가 이스라엘을 건설하기 전까지 팔레스타인 외의 지역에 흩어져 살면서 그들의 고유문화와 종교와 관습을 유지하면서 살던 유대인, 그들의 거주지 등을 의미했다.

현재의 보편적 의미로서의 디아스포라는 서구의 근대 식민지 세계화와 관련이 있는, 지금도 그 의미를 가지는 디아스포라이다. 노예 무역, 식민 지배 등으로 오랫동안 살아오던 고향, 공동체, 친족들로부터 강제로 분리되어 이주하게 된 사람들, 그들의 거주지, 이주된 곳에서의 그들이 가지는 문화 등을 의미한다. 우리 한민족의 고려인까레이스키, 조선족, 애니깽[3], 조선인 등으로 일컬어지던, 어쩔 수 없는 이주나 이주민들도 이 범주에 속한다. 한민족 디아스포라들이다. 현재는 700만 명에 이르는 한민족들이 전 세계 곳곳에 흩어져 있다. 세계 곳곳에 코리아 타운이 형성되어 있고 기업인과 상인들은 한

---

3 1905년 멕시코로 이주한 한인 이민자. 멕시코 유카탄 반도의 메리다 시에 정착한 이들은 에네켄(용설란) 농장의 계약 노동자로 일하였다. 계약 노동자라고는 하지만 하루 10시간이 넘는 노동에 시달리면서도 제대로 된 임금을 받지 못하는 등 노예와 같은 생활을 하였다

미국의 코리아 타운

상韓商 네트워크를 조직하고 있다. 세계의 주류 사회에서 정치인으로 성장한 모습도 눈에 띈다. 한류韓流로 발전하며 조국에도 이바지를 하고 있다.

또 다른 제4의 디아스포라는 자기가 살던 곳에서 이방인이 된 사람들이다. 남북 아메리카의 원주민이 대표적이다. 그린란드, 아프리카 등의 원주민도 마찬가지이다. 갈등의 정도는 다르지만 자신들의 땅에서 주류 문화를 유지하지 못하고 보호를 받거나 고유문화를 상실하면서 많은 부족들이 사라졌다. 역디아스포라counterdiaspora인 것이다. 굴러온 돌이 박힌 돌을 빼낸 셈이다. 일제 강점기 때 우리가 느낀 감정 또한 우리의 땅에서 이방인이 된 듯한 것이었다.

세계적으로도 유명한 사례로서 홀로코스트[4]의 유대인, 미국으로 끌려간

아프리카의 노예들, 150여 년 전 미국의 건설 현장에 투입된 중국의 쿨리苦力, 여기에는 조국을 잃은 우리나라 사람들도 포함, 일본의 자이니치일본에 뿌리내린 한국인, 중국인, 프랑스 식민지의 알제리인들이 있다. 일제 강점기 때의 조선인 학병, 탄광 징용북해도, 사할린, 만주와 연해주로의 탈출 이민 등도 모두 디아스포라이다. 현재 만주의 벼농사 확산은 우리 선조들의 피땀으로 이루어진 것이다. 이 지역들은 독립 운동의 원천이고 근거지였다. 6·25 전쟁으로 인한 거제도 포로수용소의 포로들은 일시적이고 역사적인 디아스포라라고 할 수 있을 것이다. 이들 중 일부는 제3국으로 가서 새로운 디아스포라가 되었다.

이후에도 우리는 어려운 경제를 이기고 가난을 벗어나기 위하여 어느 정도 자의적으로 해외로 진출했다. 독일의 광부, 간호사, 중동의 건설 현장, 원양 어업 기지 개척카나리아 군도가 대표적, 북태평양 명태, 참치 등, 브라질과 아르헨티나의 농업 이민, 베트남 전쟁 참전 등은 우리나라 경제 발전의 견인차가 되었다. 그리고 유학, 상사 주재원 등이 가세하고, 교육과 보다 나은 삶의 질을 찾는 고급 인력들의 미국으로의 이민 등이 뒤를 이었다. 부정적이지만 1960년대와 1970년대에는 일본 밀항도 많았다. 이 모두 현재 우리나라의 국력을 키우는 원동력이 되었다.

디아스포라의 삶은 소외, 슬픔, 차별, 핍박, 정체성 상실 등의 의미를 개인적 혹은 집단적으로 내포하거나 사회적으로 표출하면서 문학, 사회학, 정치학, 지리학, 인류학적 연구의 대상이 되었다. 특히 인류학자와 지리학자들은 그들의 이동 경로, 장소성, 정착 과정, 문화의 보존성 등을 연구해 왔고, 인문학과 사회과학 전반의 연구 대상이 되면서 디아스포라의 의미는 더욱 폭이 넓어졌다. 세계화의 추세 속에서 디아스포라의 의미는 더욱 확장되고, 변

4 동물이나 사람을 대학살하는 행위를 총칭하지만 일반적으로 제2차 세계대전 당시 나치 독일에 의한 유대인 대학살을 의미한다. 특히 폴란드의 아우슈비츠 유대인 포로수용소에서는 600만 명에 이르는 유대인이 학살되었다고 한다.

안산시 외국인 주민 센터

화되고 있다. 중국의 연변 조선족 자치주를 보면 오래된 디아스포라의 의미가 아직은 남아 있지만 새로운 긍정과 자신감으로 변화하고 있다. 물론 전체와 개인의 사례를 보면 복잡한 감정과 사정과 사연이 있을 것이다. 그럼에도 세계의 디아스포라는 새로운 문화로 그 지위를 찾아 변화하고 있다.

우리는 이미 단일 민족이 아니라는 연구와 논문과 글들이 많이 나오고 있다. 어디든 온전히 순수 혈통을 가진 인구가 월등히 많은 국가는 없다. 우리나라도 역사적으로 인접한 여진족, 몽골, 중국의 한족, 일본 등과도 피가 섞이고, 인도와 베트남 등도 오랜 역사 시대를 통하여 부분적으로 합해졌다. 그러나 지금처럼 이주 노동자와 외국인 신부로 대표되는 우리나라로 이주해 온 디아스포라가 많아진 적은 없었다. 또 우리나라에 들어온 미국, 일본, 독일, 프랑스, 러시아 국적의 지식인들도 많이 귀화를 했다. 이러한 현상은 한국의 국력 발전을 의미하기도 한다. 그 모든 사람들의 문화를 다문화로 존중·인정하면서 정착시켜야 하는 단계에 이르렀다. 우리나라의 경제가 더욱 발전하고, 고급 노동의 지향성이 높아진다면, 더욱이 여러 이유로 출산율이 낮아진다면, 어쩔 수 없이 더욱 많은 외국인들이 우리나라에 유입될 것이다. 어떻게 하든 우리나라로 이주한 디아스포라의 삶에 있어 기본적인 최소한의 만족과 행복이 함께 유지되어서 우리나라의 경제와 사회가 안정되도록 모두가 노력해야 할 것이다.

인구는 경제의 힘일까? 짐일까?

인구 보너스와 인구 오너스

최근 재미있는 용어들이 언론에 등장했다. '인구 보너스demographic bonus'와 그 반대말인 '인구 오너스demographic onus'이다. 우리에게 익숙한 보너스는 상여금으로서 추가로 받는 기분 좋은 것이고, 오너스는 짐load; 부담이라는 뜻이다. 즉 인구 보너스, 인구 오너스는 인구가 경제에 힘이 되거나 혹은 짐이 된다는 의미이다.

인구 보너스는 생산 연령 인구가 증가하여 생산과 소비가 늘어나고 경제가 활성화되고 경제가 성장하는 것을 의미하고, 인구 오너스는 반대로 생산 연령 인구가 감소하여 전체적으로 경제가 침체되는 것을 의미한다. 경제 활동에 초점을 둔 인구의 개념이다. 만약, 인구 오너스 상태가 지속되면 성장 둔화와 쇠퇴로 진행된다. 성장이 둔화되면 그나마 그 수가 줄어든 청년들의 취업도 어렵게 된다. 이러한 현상의 대표적인 예로 일본을 들 수 있지만 앞으로 우리나라 역시 그와 같은 추세가 될 것이라고 전문가들은 보고 있다.

인구 오너스 상태가 되면 상대적으로 노년층 인구가 늘어나면서 국가적으로, 사회적으로 부담이 늘어난다. 복지와 사회 안전망 등 사회 복지 비용의 부담이 증가한다. 실버 산업은 늘어나고 성장할 수 있지만 전체 경제에서 보면 이는 부분적이고 축소적인 것이다. 따라서 선진국, 신흥국 가릴 것 없이 세계의 많은 국가들이 인구 증가 정책을 강하게 추진하고 있다. 중국은 1가구당 1명의 자녀만을 낳도록 하는 '한 자녀 정책'을 완화하는 추세이고, 미국도 해외로부터 유입되는 생산 연령 인구에 관심을 갖고 있다.

인구 보너스와 인구 오너스는 보통 국가 단위로 말한다. 그러나 한 국가 내에서도 지역별로 인구 분포에 차이가 있다. 도시와 농촌, 수도권과 지방 등이 다르다. 우리나라의 경우 수도권은 인구 오너스가 지방보다 덜하다. 지역 보너스regional bonus 혹은 지역 오너스regional onus로 볼 수도 있다. 서울을 비롯한 수도권은 전국을 놓고 볼 때 인구 보너스의 혜택을 많이 누린다고 볼 수 있다. 그러나 지속적으로 생산 연령 인구가 줄어들면 수도권의 인구 보너스 효과도 줄어들고 결국 국가 전체적으로 인구 오너스 상태로의 빠른 전환이 일어날 것이다.

맬서스의 인구론과 지속가능한 인구

『인구론』[5]으로 인류의 미래를 점친 경제학자 맬서스Thomas Robert Malthus, 1766~1834년는 자연이 인구를 부양할 수 있는 능력특히 농업과 농산물, 식량 등을 초과하는 인구 문제는 여러 가지 사회 문제를 야기할 것이고, 이러한 사회 문제는 자연스럽게 인구 증가를 통제할 것이라는 이론을 펼쳤다.

맬서스가 말하는 인구 문제는 사실 자연환경의 인구 부양 능력을 넘어서는 인구 문제이므로 환경에 부담을 주는 인구, 즉 '환경 인구environmental population'이다. 그런데 인간은 자연으로부터 에너지와 자원을 획득하고 기술

5 맬서스는 이 책에서 인간은 기하급수적으로 증가하지만, 식량은 산술급수적으로 증가한다고 주장하였다. 따라서 인간과 식량 사이에는 필연적으로 불균형이 발생할 수밖에 없으며, 이를 빈곤과 악덕의 근원으로 보았다. 따라서 인구를 억제하기 위해 질병, 전쟁, 기아와 같은 적극적 억제와 출산율을 낮추는 도덕적 억제를 주장하였다.

을 개발하여 인구 부양 능력을 높여 왔다. 동시에 생활 수준, 삶의 질도 높아졌다. 많아진 인구가 높은 생활 수준을 영위하면서 자연에 대한 부담도 늘어났다. 기후변화, 자연 훼손, 오염의 증가 등이 그 예이다. 맬서스는 자연이 비교적 스스로 제공하는 조건으로 자원과 에너지를 사용하고, 여기에 인간의 노동력을 결합하는 '지속가능한 인구sustainable population'를 제시하였다. 인간의 의지에 의하여 인구가 무한정 증가하는 것이 아니라 지리적인 조건에 맞는 인구 증가를 말하는 것이다. 즉 '지리적 인구geographical population'를 의미한다. 이러한 자연에 의한 인구 조절은 다윈의 진화론에서의 자연선택설 정립에 영향을 주었다.

맬서스

자연환경을 기술과 자원 개발로 극복한 현대의 경제적인 입장에서 보면, 일정한 수준에 오른 삶의 질과 경제 성장을 유지하기 위해서는 지속적·생산적·산업적인 경제 활동 인구가 필요하다. 즉 '경제적 인구econimic population' 또는 '산업적 인구industrial population'이다. 대략 경제학에서는 15세부터 64세까지를 경제 활동 인구로 본다. 그러나 실질적으로는 적어도 20세부터 65세를 넘기도 한다. 아르바이트를 하는 경우도 있고, 개발도상국에서는 15세 이전부터 정상적인 경제 생산 노동에 투입되기도 한다. 국가마다, 개인마다 차이가 있을 것이다.

이상에서 볼 때 인구는 양면성을 지닌다. 생산과 경제 발전 대對 자원과 에너지와 환경 문제인 것이다. 인구 성장과 경제 성장, 그리고 삶의 질의 향상은 결국 자원과 에너지 공급에 압박을 가하게 되고 환경에도 압박을 가하게 된다. 에너지 저감 기술과 환경공학 기술이 발전한다고 해도 에너지와 환경 문제는 완전히 해결되지 않는다.

인구와 경제, 그리고 자연

인구 문제는 경제 문제와 바로 직결되지만 그 영향이 국내적으로 지역적인 편차가 심하고 국가 간에도 편차가 심하다. 단순한 경제학적인 논리로만은 해결이 안 된다. 인구사회학, 인구지리학, 경제지리학 등과 결합이 되어야 해답을 얻을 수 있다. 극단적인 예로 최근 왜 아무도 경제 위기를 예측하지 못했냐는 엘리자베스 여왕의 물음에 영국 경제학자들이 공식 사과와 함께 경제 예측이 어렵다고 답한 것이 언론을 탔다.

인간은 지속적으로끊임없이 경제 성장삶의 질의 향상, 생산과 소비의 증대 등을 도모하면서, 이를 위하여 자원과 에너지에 대한 수요를 증가시키고, 농업 생산량과 생산성도 증대시키고 있다. 국제적인 차원에서 전문가들과 정치가들, 환경 운동가들이 이를 간파하고 온실가스 배출 감축, 지속가능한 성장, 녹색 기술, 환경 정의 등을 강조하고 있지만, 여전히 각 국가들은 경제 성장과 고용 창출, 소비의 증대 등 더 현실적인 목표를 세우고 있다.

자연은 이에 대하여 인류에게 경고를 보내고 있다. 더 이상 자연이 인간이 원하는 대로 자원과 에너지를 공급하기에는 힘들다는 신호일지도 모른다. 삶의 질을 유지하려면 자연스럽게 인구를 줄여야 한다는 뜻으로 해석할 수는 없을까? 자연 자원기후와 지형과 토양, 신재생 에너지와 인간의 적절한 노동력 등으로 경제가 잘 유지되도록 한다면 세계 인류는 어느 정도는 행복할 것이다. 또한 인류 문명이 보다 오래 지속될 수 있는 길이 될 수도 있을 것이다.

그러나 인류는 진화의 방향을 경제적, 기술적 풍요를 향한 발전으로 삼고 있는 듯하다. 뛰어난 경제력을 가진 국가들에서 먼저 인구를 줄이라는 자연의 뜻을 받아들여 진화의 방향을 어느 정도 조절하는 것은 어려운 것일까? 만약 이것이 가능하다면 인구를 서서히 줄이면서도 유소년과 청년과 중년과 노년이 적절한 인구 분포를 지니면서 행복하게 살 수 있도록 경제 구조를 만들어야 할 것이다. 물론 자연환경도 자연 스스로에게 맡겨야 할 것이다.

북극해가 녹으면서 자원 개발과 해양 수송로의 개척과 각국의 영유권 주장이 화두가 되면서 개별 국가들은 국가 경제적 효과를 계산하기에 바쁘다. 시베리아의 자원과 에너지 개발이 연일 언론을 탄다. 시베리아는 자원 개발과 농경지와 주거지 확대를 통해 이득을 볼 가능성이 많다. 한편으로는 지구온난화로 인한 해수면의 상승이 저위도의 도서와 해안 지역에 재앙으로 다가온다는 기사도 실제 사례와 함께 자주 언론에 등장한다.

인구 보너스와 인구 오너스가 맞물리고 있고, 경제 성장과 자원과 에너지, 경제와 환경이 충돌하고 있다. 아무튼 경제 활동의 주체가 되고 있는 생산 연령층은 자라는 어린 세대와 은퇴한 세대들 모두가 잘 지내도록 부양 책임을 지면서, 미래의 인구 문제에 대한 대안도 마련해야 한다. 당장 노후를 위한 여러 연금 부담이 미래의 경제 인구에 부담을 주게 된다. 미래 인구와 경제 구조에 대한 큰 틀의 정책은 국가가 만들고, 개별 국민과 기업들이 함께 정책을 실현해 나가야 할 것이다. 더 큰 틀은 전 세계를 그 대상으로 하여 국가 간의 합의가 이루어져야 할 것이다. 국가의 단위가 여전히 가장 중요하지만 동시에 경제, 자원, 에너지, 환경 모든 측면에서 글로벌 시대이기 때문이다. 그래도 낙관론자들은 기술이 이 모든 것을 극복할 것이라고 믿는다. 허나 자연과 어느 정도 조화를 이루고 덜 무리하는 것이 좋을 듯한데, 지금은 그럴 기미가 보이지 않는다. 오히려 지구는 하나라고 외치면서도 달과 화성에 가서라도 자원과 에너지를 얻을 생각까지 한다.

커피의 맛은 지리가 좌우한다

커피는 이제 세계인의 기호 식품이다. 특히 우리나라의 커피 산업은 전 세계에서도 가장 빠른 속도로 발전하고 있다. 전국적으로 유명 브랜드의 커피 매장이 2000개가 넘었고 여기에 일반 커피 전문점의 수까지 더하면 9000개가 넘는다고 하니 그 숫자가 어마어마하다. 우리나라 토종 커피 전문점이 뉴욕에 진출해 있기도 하다. 커피는 단순히 마시는 것이 아니라 아름답게 꾸며진 카페에서 커피의 맛과 향을 즐기는 것이 되었고 카페는 문화 공간으로 자리매김하게 되었다. 물론 개항 이후 커피집과 다방은 가장 문화적인 문화 교류의 공간이었다.

커피의 맛은 지리가 좌우한다

스타벅스의 광고용 커피 원두 소개를 보면 그 내용의 광고성보다는 지리성을 잘 포착하고 있어 그 부분을 인용하고자 한다. 그 내용을 그대로 인용하면 "Geography is a flavor."이다. 이 말을 번역하면 "지리가 풍미맛, 향미이다." 라는 뜻으로 커피의 다양한 풍미는 생산지의 다양한 지리적인 조건에서 나온다는 뜻이다. 팸플릿의 내용을 살펴보면, "커피의 주요 생산지는 크게 세

지역으로 나누어집니다. 각 지역의 특징적인 자연환경과 고유한 기후가 그 지역에서 생산되는 커피의 풍미를 결정합니다."인데, 여기서 보면 지형 조건과 기후 조건이 커피 재배지를 결정하고 나아가서는 커피의 맛까지 좌우한다는 것이다.

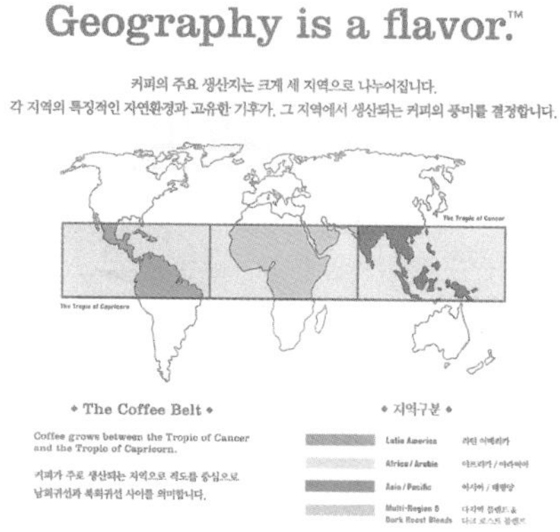

스타벅스의 커피 원두 소개

커피는 남위 25°~북위 25°의 고도 1000~2000m 지역에서 잘 자라는 작물이다. 즉, 무역풍대에서 강수량이 풍부하고 기온은 20℃ 내외를 유지하는 상춘常春 기후 지역[6]에서 잘 자란다. 세계 주요 커피 생산 지대를 '커피 벨트coffee belt'라고 하는데, 10대 생산국은 남미의 브라질, 멕시코, 콜롬비아, 온두라스, 아프리카의 과테말라, 에티오피아, 우간다, 아시아의 인도, 베트남, 인도네시아 등이다. 그 외에 이들 국가와 인접한 국가들도 커피를 많이 생산한다.

커피 열매

커피나무는 여러 종이 있지만 현재 상업적으로 재배하는 품종은 세계 커피 생산량의 약 70%를 차지하는 아라비카arabica와 나머지 약 30%를 차지하는 로부스타robusta이다. 로부스타는 고온 건조한 저지대에서도 생장이 가능한데, 아

6 대류권에서는 고도가 1km 높아질 때마다 기온은 평균 6.5℃ 내려간다. 따라서 같은 위도대라고 할지라도 해발고도가 높은 고산 지대는 주변 지역보다 평균 기온이 낮다. 특히 열대의 고산 지대는 연평균 기온이 15℃ 내외로 항상 봄과 같은 날씨가 나타나는데 이를 상춘 기후라고 한다.

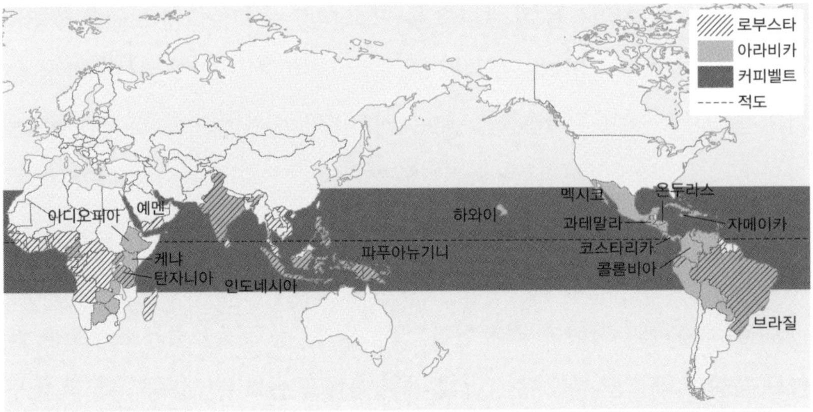

커피 벨트

라비카보다는 질이 떨어져 주로 인스턴트용으로 많이 소비되고 있다. 최근에는 아라비카와 로부스타의 장점만을 결합한 아라부스타도 재배되고 있다.

커피는 에티오피아의 카파Kappa 지역이 원산지로 추정되며, 이슬람 세계의 수피Sufi; 이슬람 신비주의적 분파, 개인의 신비적 체험 및 참회를 중시, 이슬람 문학에 크게 기여함들의 명상을 위한 음료로서 보급되었다고 한다.

커피의 재배 역사

커피는 늦어도 9세기부터 에티오피아의 고산지에서 재배가 시작되었을 것으로 추측된다. 15세기 즈음에는 페르시아와 북아프리카에도 커피가 전파되었다. 커피에 대한 처음의 반응은 별로 좋지 않아 1511년에는 금지되기도 하였다. 그러나 그리스인과 지식인들 사이에서 커피의 인기는 점점 증가하여 오스만튀르크 술탄 셀림 1세Selim I, 1470~1520년에 의해 금지령이 폐지되었다. 이후 오스만튀르크 제국이 유럽으로 진출하면서 커피도 함께 유럽으로 전파되었다.

커피는 17세기에 각성 효과가 있는 것으로 알려지면서 베네치아를 거쳐

브라질 고원의 플랜테이션 커피 농장

유럽에 전파되어 일종의 의약품으로 활용되면서 점차 귀족들의 사치 음료로써 각광을 받게 되었다. 이렇게 소비가 증가하고 가격이 상승하면서 유럽의 귀족들은 아랍권 이외의 지역에서 새로운 생산지를 물색하게 되었다.

당시 세계 무역을 주도하던 네덜란드는 자신들의 식민지였던 인도네시아 자바 섬에 커피를 재배하기 시작하였고, 남미에서는 최초로 수리남에서 재배를 시작하였다. 그 후 남미의 카리브 연안과 그 도서 지역이 커피의 주된 재배·공급지였는데, 이는 당시 범선 시대에 무역풍을 이용할 수 있는 지리적 근접성과 풍부한 흑인 노동력 덕분이었다.

이후 커피 생산지는 18세기 후반 브라질 고원을 중심으로 그 재배 면적이 급속히 확대되면서 남미의 대표적인 상업 작물로 자리 잡게 된다. 이 시기는 유럽의 산업혁명과 미국 북동부의 성장 시기와 일치한다. 즉 노동자들의 산업 생산성을 높이기 위한 각성 음료로써 보급되어 그 수요가 폭발적으로 증가한 것이다. 수요의 증가는 생산지의 확대를 가져왔고, 그와 더불어 수송 능력이 향상되어 원거리 수송도 가능하게 되면서 생산지는 더욱 늘어났다.

커피 재배 면적이 확대되면서 커피콩의 가격이 급락하는데, 이와 관련해 베트남을 주목할 만하다. 현재 베트남은 브라질에 이어 세계 2위의 커피 생

커피 수입 상위 20개국(60kg 포대 개수)

총	82,254,616
미국	19,585,883
독일	15,905,642
이탈리아	6,454,538
일본	5,955,859
프랑스	5,403,902
벨기에	4,224,601
스페인	3,797,297
영국	3,320,771
폴란드	2,534,396
네덜란드	2,175,637
스위스	1,926,022
스웨덴	1,279,405
유럽연합	1,086,385
오스트리아	1,086,385
핀란드	960,682
그리스	892,689
덴마크	828,640
포르투갈	738,146
체코	693,449
노르웨이	661,549

커피 수출 상위 20개국(60kg 포대 개수)

총	96,065,978
브라질	31,380,205
베트남	16,000,000
콜롬비아	7,593,640
인도	5,608,336
인도네시아	5,262,357
온두라스	3,826,134
과테말라	3,339,245
페루	3,081,338
에티오피아	2,826,965
우간다	2,809,712
멕시코	2,520,588
엘살바도르	1,826,643
니카라과	1,504,356
에콰도르	1,257,010
코스타리카	1,125,388
파푸아뉴기니	914,245
코트디부아르	906,180
탄자니아	749,570
케냐	590,915
카메룬	569,017

커피 수입국과 수출국 비교(국제커피협회)

산국으로 한국에서 소비되는 커피의 최대 공급지이다.

커피와 공간의 지리

커피는 세계에서 석유 다음으로 교역량이 많다. 생산지와 소비지가 극명하게 분리되기 때문이다. 대체로 선진국과 제3세계의 관계로 설명된다.

최근 선진국의 커피 회사들이 커피를 헐값으로 사들이고, 비싼 값으로 판매하면서 막대한 차익을 남기고 제3세계의 커피 농가들을 착취한다는 비난이 있었다. 즉, 커피콩 가격이 폭락하더라도 유명 브랜드 커피 매장에서의 커피 가격은 하락하지 않는다. 그만큼 커피 전문점에서 판매하는 커피의 부가가치가 높아지는 것이다. 단순한 커피 판매 외에도 다른 문화적인 요인이 간여하지만, 생산과 소비를 매개하는 다국적 식품 기업들이 폭리를 취하고 있다고 보는 것이다. 이러한 눈길을 의식하여 어떤 유명 커피 회사는 커피 생산 농가의 이익을 보호하고, 그 지역의 환경까지도 보호한다고 광고하기도 한다.

커피라는 농산물 자체가 기후 조건에 따라 생산지가 한정되어 있어서 유럽의 식민지 개척에 따른 플랜테이션[7] 농업의 대상대표적인 것이 커피, 고무, 담배이 되었다. 이제 커피는 전 세계 거의 모든 국가들에서 일상적인 기호품이 되었고, 미국을 비롯한 선진국을 중심으로 한 다국적 기업의 독점적 공급과 판매의 대상이 되고 있다. 따라서 커피는 조금 오래된 이론이지만 제3세계론과 중심-주변 이론의 대상이 되기도 하고 현재와 같은 글로벌 경제의 한 상징이 되기도 했다. 커피의 지리를 통하여 세계 역사와 경제와 국제 정치를 돌아볼 수 있는 것이다.

아무튼 커피는 세계인의 음료가 되었고 우리나라에서도 많은 사람들이 아침에 모닝커피를 마시고 식사 후에 커피를 마신다. 도시든 시골이든 많은 식당에서 식사 후에 커피를 서비스하고 거리마다 건물 복도마다 커피 자판기가 자리 잡고 있다. 우리는 유난히 커피를 많이 소비하는 국가의 반열에 올라 있다. 젊은이들은 라테와 같이 다양한 종류의 커피를 즐긴다. 그와 동시에 커피의 향과 맛이 가져다 주는 독특한 문화도 즐긴다. 커피 전문점은 만남과 쉼터가 되고 때로는 일터가 되기도 한다.

---

7 열대와 아열대에서 이루어지는 농업으로 서양의 자본과 기술력, 원주민과 이주 노동자의 값싼 노동력을 바탕으로 한다. 주로 단일 작물을 재배하고, 기업 위주의 농업이다. 최근에는 경영상의 안전을 위해 다각 경영으로 전환하는 경우가 많다.

정의란 무엇인가: 공간의 정의

2010년 서점가에서 많이 팔린 책으로 마이클 샌델Michael Sandel[8]의 『정의란 무엇인가Justice』를 꼽을 수 있다. 하버드 대학교의 유명 교수인 샌델은 한국에 두 번씩이나 초빙되어 공개 강의도 했다. 철학 서적으로 베스트셀러가 되는 것은 드문 일이어서 언론에도 자주 등장하였다. 이 책의 특징을 간단히 요약해 보면 첫째, 그 내용이 '많은 이야기들'로 이루어져 있다는 것이다. 이는 가르치는 사람의 입장에서 직감적으로 깨달은 것이다. 엄청난 이야기는 결국 많은 사례들인데, 엄청난 수업 준비와 연구의 결과물일 것이다. 둘째, 정치, 경제, 사회, 문화, 철학 등 세상을 살아가면서 당면한 '거의 모든 문제'들을 다루고 있다. 셋째, 결국 이 모든 것들을 '정의'로 연결시키고, '개인의 입장'에서 스스로 정의에 대한 결론을 내리도록 만들고 있다. 물론, 정의와 관련된 서양의 철학자, 정치학자들이 이론 제공을 위해 등장한다. 정의의 문제는 세상살이의 거의 모든 관계와 문제에서 발생하고, 공간 위에서 일어나는

8 세계적으로 유명한 미국의 정치철학자. 오늘날 대표적인 공동체주의자, 공화주의자이며 자유주의에 대한 비판가로 유명하다. 현재 하버드 대학교 교수로 재직하고 있으며 20여 년간 'Justice'라는 강의를 가르치고 있다. 이 강의는 1만여 명이 넘게 수강하였으며, 하버드 대학교 역사상 가장 많은 학생들이 들은 강의로 손꼽히고 있다.

것도 많다. 따라서 지리학의 연구 대상인 공간space이 정의와도 연관이 있다고 판단된다이 책에는 공간에 대한 내용이 잘 안 나온다.

샌델이 말하고자 하는 정의는 도덕, 예의, 헌신, 배려, 봉사 등을 포함한다. 정의의 정의definition는 명료해 보이지만, 현실의 사례를 들어서 이야기로 풀어 보면 법정의 판결 이상으로 그 판단이 간단하지 않다. 그가 강의에서 학생들과 함께 찾고자 하는 것은 결국 '진정한 정의, 사회를 보다 건전하게 하고 개인을 행복하게 만드는 정의는 무엇인가?'일 것이다. 과연 해답이 있을까? 샌델은 개인과 미국과 세계가 당면하고 있는 문제를 제시하고, 아리스토텔레스, 칸트, 롤스 등 이름을 대면 알 만한 여러 서양의 철학자의 이론을 간간히 보여 준다. 결국 정의는 가야하는 길이고, 가기 힘든 길이고, 그럼에도 가기 위해 노력해야 하는 길임을 말하고 있다고 본다. 도덕과 예의와 배려가 없는 그 어떠한 행동과 논리도 정의에서 거리 멀다는 것을 말하고 있는 것 같다. 그러나 하버드 대학교 학생들은 그 많은 사례를 통하여 정의에 대해 고민하고 토론하면서 정의로운 세상을 위하여, 혹은 정의로운 세상을 만들기 위하여 살아가는 방법과 그렇게 살아가야 함을 배우는 것이 아닐까? 물론 혹독해 보이는 구체적인 현실 세계에서 배운대로의 정의를 모두 실천하면서 살 수는 없지만 교육 자체만으로도 의의가 있을 것이라는 생각이 든다.

공간을 둘러싼 정의의 문제: 우리나라

샌델 교수의 정의론 강의를 우리나라의 사례로 이야기 거리를 찾는다면 어떤 것이 있을까? 병역 기피나 병역 비리가 있을 것이고, 강남의 지가地價와 학군, 수도권과 지방과의 차이, 국가의 다양한 사업에 대한 정의 문제 등이 다루어질 수 있을 것이다. 그리고 서양의 철학자뿐만 아니라 현재 우리들의 사고방식에 보다 밀접하게 영향을 준 동양 철학자들의 이론을 원용할 수 있을 것이다.

필자가 가르치는 직업을 가지고 있으니 이 책의 내용이나 사례들을 어떻게 지리학 수업에 사용할 수 있을지 고민하는 것이다. 필자의 강의들 중에서 중요한 것으로 '환경지리학'이 있다. 과목의 특성상 여기서 정의와 유사한 문제를 자주 다룬다. 정의를 지리학적으로 다루는 것이다. 지리학에서 다루는 것으로 '공간의 정의', '환경의 정의'가 있다. 사회의 경제와 인구의 지리적인 분포 자체가 정의론적 판단이나 연구의 대상이다. '사회나 경제의 정의 문제는 어떻게 지리 공간에 반영이 되는가?' 혹은 '공간 문제가 어떻게 정의 판단의 대상이 되는가?' 등이다.

풍수지리도 공간의 정의 문제의 예가 될 수 있다. 나말여초의 도선국사를 한국적 풍수론의 시조로 보고 있으며 풍수지리는 조선 시대에 들어와 길지 선정에 보다 중요하게 고려되었다. 풍수적으로 훌륭한 길지를 고관대작들과 권력자들이 독점하고 이곳에 일가를 이루면서 양택을 차지했고, 음택도 그러했다. 풍수지리가 권력화된 것이다.

공간을 둘러싼 정의의 문제: 전 세계

미국의 환경론자 알도 레오폴드Aldo Leopold, 1887~1948년는 '땅의 윤리land ethic'를 주창했다. 그는 인간과 자연 간에도 정의가 있어야 한다고 했다. 환경론자들과 생태철학자, 환경지리학자, 환경경제학자들이 그의 사상을 많이 인용한다. 인간과 인간을 제외한 그 많은 생물 간의 정의도 중요하지만, 나아가서 공기와 땅과 물과 같은 무생물에 대한 정의도 필요하다는 것이다. 이는 제임스 러브록James Ephraim Lovelock의 '가이아Gaia' 이론까지 이어지는데 정의의 측면에서 바라보는 것이다. 여기서 가이아는 인간, 생물, 무생물이 지구라는 하나의 유기체 내에서 그 구성체로 연계되어 있는 실체이다. 우리는 흔히 아마존의 열대우림을 가이아의 관점에서, 결국 세계를 위한 '정의'의 관점에서 자주 논의한다. 아마존이 지구의 환경을 지키는 허파라는 것이다.

아마존의 열대우림이 파헤쳐진 곳에 농업과 축산업이 들어서고, 이는 다시 선진국으로 수출되니 지구와 생태계에서의 정의 문제가 대두되는 것이다. 그렇다고 하더라도 아마존을 개발하고, 그로 하여 먹고 사는 아마존의 사람들에게는 공허한 것이다. 당장 삶에 지친 아마존에서 멀리 떨어져 살고 있는 사람들에게도 역시 공허하게 들릴 것이다. 잘 만들어진 '정의'라도 공허한 것은 정의가 아닌 듯하다. 어떻게 하면 '아마존의 정의'가 공허하지 않게 될까? 위치와 상황과 처지에 따라 달라질 것이다.

한때 커피의 재배와 판매와 관련해서도 정의의 문제가 크게 논란이 되었다. 커피는 전형적인 아열대 플랜테이션 작물이다플랜테이션 농업은 열대우림 감소의 첫 번째 요인이다. 중앙아메리카와 남미의 브라질, 동남아시아의 베트남이 유명한 커피 산지이다. 에티오피아와 같은 아프리카 다수의 국가들도 커피를 생산한다. 그런데 커피 무역이 선진국 다국적 기업들의 거대한 자본이 개발도상국의 커피 생산 농가를 착취하는 것이라는 주장이 많이 제기되었다. 대표적인 다국적 기업인 스타벅스는 어떻게 대응할까? 스타벅스는 아열대 여러 지역에서 생산되는 커피콩을 가장 합리적인, 제대로 된 가격으로 사들이면서 아열대 커피 생산 농가의 수입을 보장한다고 주장한다. 스타벅스뿐만이 아니라 대부분의 다국적 커피 기업과 커피 유통 업체가 논란의 대상이 되었다. 커피 생산 농가들은 공간적 우위에 있지만 자본적 우위에 있는 다국적 기업들과 대등한 위치를 갖지 못했던 것이다. 당연히 정의의 문제가 발생한다. 최근에는 커피 생산 농가에 적당한 값을 지불하고 구매하는 이른바 '공정 무역 커피'도 많이 판매되고 있다.

전 세계 열대와 아열대의 염수와 담수가 만나는 하구, 삼각주, 조간대 만안 해안 습지에는 맹그로브Mangrove[9]라고 하는 해안 숲이 발달하고 있다. 동

9 열대와 아열대의 갯벌과 해안에서 자라는 리조포라속의 교목·관목의 총칭이다. 염화나트륨을 대량으로 포함하여 흡수력이 크고 습지나 해안의 많은 뿌리가 지상으로 뻗어 숲을 이루어 홍수림이라고 부른다.

파랑에 적응한 맹그로브의 뿌리

남아시아에 주로 분포한다. 이 숲은 바닷물과 민물이 만나면서 비교적 파랑의 힘이 적은 곳에 자라는 독특한 삼림으로 많은 어류, 조류, 육상 동물들에게 서식지를 제공한다. 또한 태풍이나 쓰나미 등이 올 때 완충 역할을 해 준다. 그런데 이러한 맹그로브 숲들이 쌀 재배를 위한 논, 새우 등의 양식장, 관광 시설, 도시 주거지 개발, 임목 벌채 등으로 사라졌고, 지금도 사라지고 있다. 맹그로브는 생태적으로 매우 민감한 조건에서 발달하기 때문에 환경의 변화에 매우 민감하고, 인위적인 개발에 취약하다. 맹그로브 숲이 줄어들고, 왜소해지면 큰 파도에 의해 아예 사라진다. 특히 맹그로브 숲을 없애고 그 위에 양식장을 세워 생산되는 새우는 거의 전량 일본, 미국, 한국 등의 선진국으로 수출된다. 선진국의 수요를 위하여 자연을 훼손하고 그곳의 주민들의 주거지를 환경과 재해의 위험에 빠뜨리는 것이다. 자연을 훼손하고 재해의 위험을 감수하는 만큼의 수입을 선진국이 보장하지 못한다는 비난도 있다. 정의의 문제가 야기된다. 그러나 맹그로브 숲을 삶의 터전으로 삼는 개인과 선진국의 개인 소비자는 별다른 관심이 없을 수 있다. 중국 남부 주장 강 삼각주에 있는 다수의 맹그로브 숲도 새우 양식장을 위하여 사라졌다. 다행스럽게도 중국과 동남아시아 일부 지역에서 맹그로브 숲의 유용성과 환경 생태계의 필요성을 인식하고 다시 맹그로브 숲을 재건하는 사업을 벌이고 있다고 한다. 중국에서는 복원된 맹그로브 숲을 관광지로 발전시키고 있다.

사회의 많은 복잡한 문제들이 정의의 논란을 일으키고 공간상에 흔적을 남긴다. 위에서 언급한 것 외에도 그 예는 수도 없을 것이다. 세계의 선진국과 신흥국, 개발도상국 들의 통치자와 정치가 들이 가장 역점을 두어야 하는 것은 경제 외에도 경제와 정치에서 비롯된 사회적 갈등을 해소하는 것이 아닌가 생각된다. 정치가들의 잘못된 정치 행위는 공간을 어지럽히고 다수를 위한 정의를 해치는 것이다.

중국의 오랜 열망, 동해로의 길을 열다

기회를 엿보던 중국, 동해로 진출하다

중국은 이제 미국 다음가는 경제 대국으로 성장했다. 막강한 인구와 영토에 개혁과 개방 정책을 더하여 여기까지 왔다. 지난 약 10년 동안 중국의 발전은 엄청났다. 그러나 지역별로 개발의 편차가 커서 중국의 다른 해안 지역이나 양쯔 강 유역의 성들에 비하여 동북 3성지린(吉林) 성, 헤이룽장(黑龍江) 성, 랴오닝(遼寧) 성의 발전은 상대적으로 덜한 듯하다. 중국은 이들 지역의 낙후를 타개하기 위한 해결책 가운데 하나로 중국이비교적, 상대적, 혹은 절대적으로 독자적인 권한을 행사할 수 있는 동해로의 출구를 얻기 위해 노력해 왔다. 최근 동북 3성의 도로망 투자를 보면 두만강 변으로 향하고 있음을 알 수 있다. 강만 건너면 북한이고 조금만 더 남쪽으로 가면 동해이다. 중국의 창지투長吉圖, 창춘(長春)–지린(吉林)–투먼(圖們) 투자선은 결국 북한으로 향하고, 북한의 동해안으로 향하고 있다. 언젠가는 북한을 통한 동해 진출이 가능할 것이라고 예상하고 개발을 진행하는 듯한 인상을 주었다.

그러던 2010년 12월 마침내 중국이 동해 진출의 뜻을 이루게 되었다. 중국이 오랫동안 공들여 온 나진, 선봉 중에서 나진 개발권을 북한으로부터 얻은

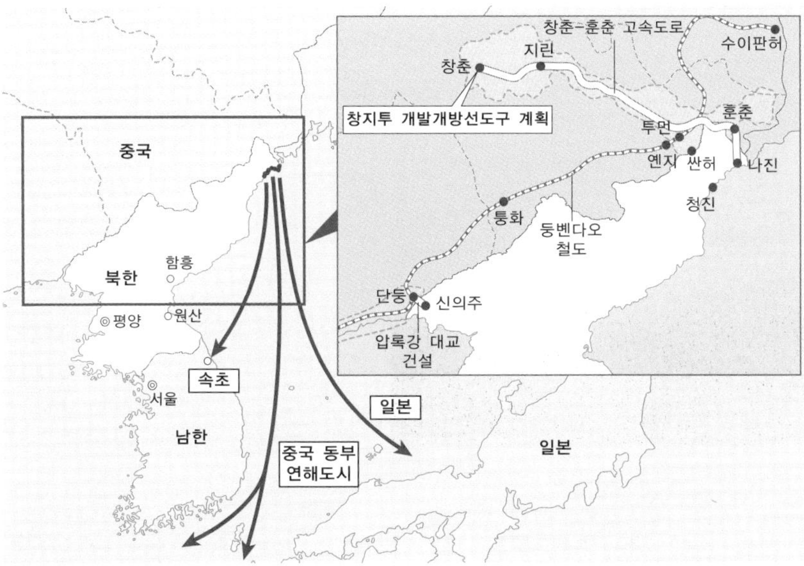

동해로 진출하기 위한 중국의 창지투 개발

것이다. 북한의 입장에서는 최근 김정은 후계 체제, 핵 개발과 실험, 험악한 남북 관계, 경제난, 국제적 고립 등으로 긴 국경을 맞대고 있는 중국과의 경제 교류에 더욱 매진하는 모습이다. 중국의 입장에서도 동해를 통한 동북 3성과 중국 남부 지역 간의 교역으로 비용 절감 효과를 얻을 수 있다. 동해로의 출구를 얻으려는 중국과 중국으로부터 경제 지원을 받기 위한 북한의 이해관계가 절묘하게 맞물리면서 나온 결과로 보인다. 그러나 한편에서는 중국에 대한 북한의 경제적 의존도가 더욱 높아질 것이라는 우려가 제기된다.

개발의 윤곽

기존의 창지투 개발 지역에서 중국의 훈춘琿春까지 더 연결되고, 두만강 하류를 교량으로 건너 나진까지 연결된다. 중국은 나진항을 이용할 수 있게 된 것이다. 물론 두만강을 직접 항행할 수도 있다15km 정도. 아마도 두만강 하류

북한과 중국의 국경을 가로지르는 두만강(김남신)

의 최남단 마을인 방천까지 통행을 할 것이라고 한다. 조금 더 올라가면 조선족 자치주로 인구 25만 명의 중국 도시 훈춘이 있다. 훈춘은 지금도 러시아와의 교역이 활발하다. 북한의 두만강과 동해를 통해 한국, 일본과의 교역이 이루어진다면 이 지역은 훈춘을 중심으로 국제 교역의 허브가 될 것이다. 훈춘은 넓고 평탄한 땅과 주변에 다양한 지하자원을 가진 곳이다. 국경 지대라 상대적으로 잘 보존된 산림과 깨끗한 훈춘 강도 있다.

중국은 또한 북한으로부터 압록강의 위화도 땅을 50년간그리고 자동으로 50년 연장되어 총 100년간 빌려 공업단지를 조성한다고 한다. 위화도는 고려 말 요동을 정벌하러 떠난 이성계 장군이 회군한 곳으로 역사적으로 조선 건국의 시발이 된 유명한 섬이다. 위화도의 면적은 11.2km^2으로 여의도 면적보다 조금 크다. 북한은 위화도에 거주하는 일반 주민들을 다른 곳으로 보내고 있다. 이것도 이미 예견된 일이다. 중국과 북한의 교류는 더욱 높아질 것이다. 위화도의 특징은 여러 가지 면에서 통제가 용이하다는 것이다. 북한과 중국이 어떠한 방식으로 합작하여 위화도를 개발할 것인지는 아직 구체적인 내용은 알 수 없지만, 성공한다면 더 나아가서 압록강 하구의 비단섬도 개발될 것이다. 중국은 북한의 신의주와 마주보는 중국의 단둥을 묶어서 국제적 경제권으로 구상하고 있을 것이다. 신의주, 단둥, 비단섬, 위화도 등이 하나의 경제권으로 되기를 바라는 것이다.

이것이 현실화되면 북한은 두만강 하구와 압록강 하구 모두에서 중국과 경제 협력을 하게 된다. 북한의 경제가 조금은 시장 경제 방향으로 움직일 가능성이 있고, 북한의 경제 사정이 나아질 수도 있다. 반면에 개별 주민들이 보다 시장경제적이 되고 개방적이 되고, 외부의 많은 다양한 소식정보들이 북한으로 들어간다면, 북한 정부에 대한 정치적, 사회적, 경제적 변화의 요구도 높아질 것이고 북한 정부는 이에 대해 접촉을 차단하는 등의 대응을 할 것이다. 북한의 정치 기조가 전략 무기 개발을 통한 선군정치이지만 국경에서의 경제 협력은 계속될 것이다.

4개국의 이해가 맞물리게 된 동해

남북한이 맞닿는 곳에서는 냉기가 흐른다. 금강산 관광과 개성 공단은 남북 경제 협력의 상징이었지만, 금강산 관광은 중단되었고, 불안한 정세로 개성 공단의 남한측 임직원들의 마음도 편치 않을 것이다. 중국은 국제 정치적 역할에 대해서는 외교적인 수사로 넘어가지만, 국제 경제면에서는 현실적이고 적극적이다. 북한에 대한 투자와 북한과의 경제 협력은 현 시점에서 국경을 맞대고 있는 중국 외에는 없다.

중국이 동해로 진출한다는 것의 의미는 크다. 중국 상선들이 동해를 항행하면서 이들을 보호한다는 명목 아래 중국 해군의 활동 범위도 늘어날 것이다. 동해가 보다 활발한 경제 권역이 되면서 동시에 외교적으로, 군사적으로 보다 민감한 지역이 될 수도 있다. 한적해 보이던 동해는 남북한과 일본과 러시아 외에 중국이 가세한 국제적 지중해의 형국이 될 것이다. 일본도 군사적으로나 경제적으로나 예의 주시할 것이다. 동해에 위치한 독도의 지정학적 중요성은 더욱 높아질 것이다. 한국과 중국이 교역할 때 두만강을 통하여 동북 3성의 물건들이 오고 갈 수도 있을 것이다. 결국 북한은 장기적으로 경제를 통하여 보다 많은 개방을 하게 될 것이다.

슬로 시티, 새로운 도시 형태의 출현일까?

발전과 성장을 상징하는 현대의 도시적 삶의 대안으로 슬로 시티slow city 운동이 등장했다. 일종의 생태 운동으로 삶 자체를 생태적으로 만들겠다는 것이다. 슬로 시티는 이탈리아어로 '유유자적한 도시', 또는 '풍요로운 마을'이라는 의미인 치타슬로Cittaslow의 영어식 표현으로 전통 보존, 지역민 중심, 생태주의 등의 철학을 바탕으로 지속가능한 발전을 추구하는 공동체를 의미한다. 패스트푸드의 대안으로 슬로푸드도 나왔다. 자연에서 나온 재료로 직접 집에서 만든 것처럼 먹자는 것이다. 제철 과일이나 채소가 슬로푸드의 기본 재료가 될 것이다. 또한 그 지역에서 나는 식재료를 사용할 것이다. 느긋하고 소량일 것이다. 슬로 시티는 슬로푸드와 유사한 개념이다. 그러나 도시에서 바쁘고 빠듯하게 살아가는 도시민들에게는 사치로 보일 수도 있을 것이다.

과거의 삶은 자연을 극복하는 부분도 어느 정도 있었지만, 극복보다는 자연에 적응하는 부분이 더 컸다. 현대 거대 도시들은 어떻게 보면 자연을 극복한 것이 아닌가 싶고, 그에 따른 문제점에 대한 처방으로 슬로 시티가 나왔을 것이다.

도시, 빠름의 상징

도시는 빠름과 경쟁의 상징이고 느림의 불편함에 대한 대안으로 자연스럽게 발전한 것이라는 주장이 있다. 또한 도시는 인류 문명 성공의 상징이자 현대의 많은 인구를 부양하는 유일한 수단이라는 주장도 많다. 도시는 인류 문명의 진화의 방향이다. 우리나라도 인구의 대부분이 도시에 거주하거나 도시적 삶을 영위한다. 도시는 빠른 것이고 시골은 느린 것이다. 시골은 빠를 수가 없는 이유를 충분히 가지고 있고, 도시 또한 느릴 수 없는 이유를 가진다. 좁은 곳에 밀집한 인구로 느리게 살 수는 없는 것이다. 도시가 느려지면 성장을 멈출 것이고 도시민들은 충격을 받을 것이다. 어쩌면 도시를 버릴지도 모른다. 느림의 도시가 발전하는 것은 느림을 애타게 찾는 사람들에게 잠시나마 느림에 담겨지는 느낌을 주면서 그 대가로 경제적 수입을 보장받을 수 있기 때문이다.

밤에도 바쁘게 움직이는 서울 여의도

충청북도 괴산군 관평정 마을

느린 도시, 즉 슬로 시티는 도시의 편리함과 과거 시골의 그 한적함과 쾌적함을 동시에 가지겠다는 것이다. 더러는 도시의 편리함이나 쾌적함을 일부 포기하도록 하기도 한다. 슬로 시티는 빠른 도시에 지친 사람들에게 매력적으로 다가온다. 그리하여 이 매력적인 도시는 관광 산업의 대상이 되기도 한다. 잠시라도 느림을 경험하고자 하는 사람들의 필요를 채워 주는 것이다. 슬로 시티는 그 자체가 관광 자원이고, 이를 통하여 소규모나마 경제 발전까지도 도모할 수 있는 것이다. 인류는 빠른 도시에 적응을 했지만, 그로 인하여 부작용이 생기고 피로가 가중되면서 슬로 시티가 그 치유가 되는 것이다. 이는 다시 산업이 되고 사업의 대상이 된다.

원래부터 느린 마을은 있어 왔다. 최초의 느린 마을은 자급자족의 마을이다. 오래되고 도시로부터 멀리 떨어진 도시는 거의 느린 마을이다. 그러나 이러한 마을들도 자세히 보면 도시 문명의 영향을 받고 있음을 알 수 있다. 요즘의 시골 마을에서는 뛰어다니는 어린아이들이 없고, 나이가 지긋이 든 어르신들이 느리게 걷고 느리게 움직이고 있다. 인구가 줄고 젊은이가 사라진 마을이다. 진정 느린 마을이 아니다. 원래 마을은 나이 많은 사람, 젊은 사람, 어린아이들이 함께 하면서 빠른 것도 아니고 느린 것도 아닌 적절한 속도의 것이었다.

그런데 인구가 늘어나고 도시화가 진행되면서 모든 것이 빨라지기 시작했다. 자급자족이 아니므로 교통을 통하여 수급이 이루어진다. 도시는 오랜 역사에서 근본적으로 자급자족이 아니었다. 도시는 잉여 생산, 여유 생산의 산물인 것이다. 그러므로 느릴 수가 없다. 이제 극도로 발달하고 진화한 인류 문명에서 '마을'로는 인구를 감당할 수 없고 '도시'로만 감당할 수 있다. 즉 '느린 마을'로는 감당이 안 되기 때문에 '느린 도시'로 타협을 한다. 모두 느린 마을을 원한다면 느림을 위해 필요한 넓은 면적과 자연스러운 경관에 대한 수요를 감당하지 못할 것이다.

느림=여유?

슬로 시티의 정신은 가능하다면 주민들이 모든 의식주의 재료를 생산하고 소비하고 자급하는 것이다. 그리고 주민들이 느림을 택하는 대신에 현대 문명과 대도시적인 소비를 참고, 시골의 삶을 자연스럽게 받아들이는 것이다. 자연스럽게 형성되고 자연스럽게 받아들여야 되는 것이다.

예를 들어서 이동 시에 걸어 다니는 것이 슬로 시티의 상징이 될 수 있을 것이다. 그런데 삶을 영위하기 위한, 말하자면 직업을 유지하면서도 이동 시에 걸어 다니기는 쉽지 않다. 느리면서도 삶의 필요를 충족시키는 것이 현대 사회에서는 쉽지 않다. 슬로 시티에서 느리게 사는 것은 모든 것이 주어졌을 때 여유롭게 거니는 것이 아니다.

과거의 마을들이 느리게 보이는 것은 빠를 수가 없고, 빨리 만들 수가 없었기 때문이다. 일부러 느린 것이 아니라, 최선을 다하여 생산에 노력해도 느리기 때문에 느린 것이었다. 빠른 시대에 살면서 너무 많은 사람과 빠름과 약삭빠름에 지쳐서 느린 것이 좋아 보였지만, 과거를 들여다보면 느림은 고통의 상징이었다. 다만 과거의 주민들이 작은 집과 소박한 음식과 느린 움직임에 적응한 것일 뿐이었다. 충분히 빠를 수 있음에도 불구하고 인위적으로 느리게 하는 것은 없다. 느림은 고통의 흔적이었지, 여유의 대상이 아니었다. 과거에 느림이 여유의 대상이었던 사람들은 참으로 소수였다.

슬로 시티는 느린 마을이다. 도시로부터 멀리 떨어진 대부분의 시골이 느

슬로 시티로 지정된 완도군 청산면

린 마을이다. 즉 도시는 빠르고 상대적으로 시골은 느리다. 도시는 슬로가 아니다. 다만 조금 경제적으로 도시를 조직하고, 에너지와 자원의 낭비를 줄일 수는 있다. 급한 것은 가장 도시적인 것으로 해결하되, 아닌 것은 조금 줄이고 참는 것이다. 이것은 슬로 시티라기 보다는 생태 도시, 친환경 도시 정도가 될 것이다. 완도군 청산면사진을 보면 그냥 한적한 어촌으로만 보인다, 담양군 창평면, 하동군 악양면 등은 행정적으로도 법적으로도, 사람들의 인식상으로도 인구와 시설이 밀집한 보통의 도시가 아니다. 상대적으로 한적한 마을들이다. 다만 대나무, 녹차, 밭길 등과 같이 특산물과 경관이 아름다워 알려진 곳들이다. 이러한 곳을 도시라고 우길 수 있는 것은 도시의 문명과 마찬가지로 모든 가정에서 가전제품을 사용하고 있고, 언제든지 시간을 내면 인접한 대도시로 갈 수 있다는 점 때문이다. 물론 이 지역들도 그 지역 안에서 모든 것을 자급자족할 수는 없다. 말하자면 시골이지만 도시적 생활양식을 갖고 있는 것이다.

누구를 위한 슬로 시티인가

오랜 세월 동안 도시에서 도시가 주는 편리함들을 그대로 누리면서도 '지속가능한 개발', '생태 도시', '슬로 시티', '생태 관광' 등의 개념을 만든 것은 참으로 도시적인 발상이라는 생각이 든다. 생각해 보면 이러한 곳들은 도시민들을 위한 잠시의 도피처일 뿐이다. 인구 1000만 명 이상의 도시가 겨우 국제적인 경쟁력이 있다는 시대에 '슬로 시티' 몇 개를 만들어 어떻게 많은 인구를 부양할 수 있을까? 단순히 보여 주기용으로, 관광의 대상으로 슬로 시티를 만들 수는 있겠지만, 자생적인 주민이 아니라 연출적인 주민이 무슨 의미가 있을까? 이는 쇼윈도에 불과할 것이다.

대부분의 사람들이 사는 도시를 대부분의 사람들은 결코 떠날 수 없음을 경제학자 에드워드 글레이저Edward Glaeser는 '도시의 승리'라고 표현하였다. 도시를 떠날 수 없다면 대도시에 대부분이 몰려 살면서 보다 환경을 생각하고, 농촌을 생각하고, 야외를 다녀오고, 텃밭을 가꾸고, 에너지와 자원을 아끼고, 급한 용무가 있을 때 외에 걸을 수 있으면 걸어야 할 것이다. 스포츠만 생각해 보아도 엄청난 시설과 투자가 필요한 것이 있고, 그냥 집 앞에서 뛰거나 걸을 수도 있다. 자연스러운 것이 좋다. 명칭이 무슨 소용이 있겠는가? 그런데 명칭과 이름을 붙이면 학문을 만들어 내고 전공을 만들어 내고 다만 연구할 뿐인 이들을 만들어 내서 약간은 고용을 창출하는 듯도 하다.

최근 우리나라에서도 직업으로 농사에 종사하기 위한 귀농과 삶터로서 농촌을 찾아가는 귀촌이 많이 늘고 있다고 한다. 이것은 도시적인 편리함의 많은 부분을 포기한다는 진정성이 있다. 앞으로도 생태 도시, 슬로 시티의 성공, 이곳 주민들의 성공적인 삶은 도시가 주는 많은 부분을 포기하는 데 핵심 요소가 있을 것이다. 혹시 가능하다면 '느린 대도시slow metropolis'를 만들 수도 있을 것이다.

집은 가만히 있는데 주소가 바뀌었다

번지에서 도로명으로

전국적으로 도로명 주소 체계로 바뀌면서 오래된 동 이름이 사라진다는 주장이 다수 제기되고 있다. 김영삼 정부 때인 1996년부터 도로명으로 주소를 변경하고자 하는 움직임이 있었다. 도로 중심의 미국이나 유럽형의 주소 체계로 가자는 것이다.

현재 주소 체계의 연원은 일제 강점기 시대에 정비된 지번 중심의 주소 체계이다. 이를 도로 체계 방식으로 바로잡겠다는 것이다. 지번 주소 체계에서는 지번들이 혼란스럽게 섞여서 사실 낯선 장소를 찾아가기가 쉽지 않았다. 도로명 주소로 개편되면 우편물을 배달하기는

도로명 주소 안내 포스터

조금 나아질 것이다. 그동안의 지번 체계에서는 번지를 찾기 위하여 우편번호 제도를 시행하여 어느 정도 지번 체계의 불편함을 보완하였다. 또한 우리나라의 주거 생활이 아파트 방식으로 대거 바뀌면서 집을 찾기가 훨씬 수월해졌다. 큰 아파트 단지를 일단 찾고 그다음 번호순으로 동을 찾고, 다음에 개별 집을 찾으면 된다. 가끔 아파트의 모양이 같아서 다른 동에서 자기 집을 찾는 해프닝도 일어나긴 했다. 번지가 복잡하게 난개발된 곳도 이제 아파트 지구로 재개발되고 있고, 현재 신도시라는 이름으로 개발되는 지역들은 거의 아파트 방식으로 바뀌고 있어서 집과 길 찾기가 더욱 편해졌다. 더욱이 내비게이션, 스마트폰이 있어서 특정 장소를 못 찾을 일은 거의 없다. 정 찾기 어려우면 개인들 모두가 휴대전화를 가지고 있으니 바로 연락을 하면 될 것이다.

서울특별시 송파구 양재대로 1218 주변에는 성내천이 흐른다

도로명 주소 체계의 문제는 오랜 역사와 전통과 전설이 담긴 동 이름이 다수 사라진다는 것이다. 예를 들면 기존의 '서울특별시 송파구 방이동 89 올림픽 선수기자촌 아파트'의 주소는 '서울특별시 송파구 양재대로 1218'로 바뀐다. 일단 방이동이 사라지고, 올림픽 선수기자촌 아파트가 사라진다. 방이동은 양재대로로, 아파트 이름은 1218이란 번호로 대체 된 것이다. 그리고 동, 호수가 번호 뒤에 붙는다.

방이동芳荑洞은 원래 防夷洞막을 방, 오랑캐 이, 골 동이라고 하여 청나라인조 시대 오랑캐를 물리친 마을이라는 뜻이며, 방이골로 불리다가 방이동이 되었다. 그 뒤 마을 유지들이 마을 이름을 조금 더 아름답게 바꾸자고 하여 꽃다울 방芳과 흰비름꽃 이荑로 음이 같은 다른 한자를 사용하여 현재의 방이동이 되었다. 남한산성 전투와 삼전도의 굴욕과 연관된 유래 깊은 지명이다. 올림픽이란 이름은 1988년 한국 최초로 하계 올림픽을 치른 현대사의 장소를 말해 준

성내천 유역에 속하는 양재대로 1218

다. 아쉽게도 도로명 주소에서는 이러한 지명들이 다 사라진다. 물론 괄호로 방이동, 올림픽 선수기자촌 아파트를 넣을 수 있기는 하다.

그런데 방이동 대신에 양재대로가 도로명 주소에 등장했다. 이 지역은 양재천에서 멀고 지리적, 지형적으로도 별 관련이 없다. 그러나 한강 남쪽에 동서로 뻗은 큰 도로의 이름이 양재대로이다 보니, 연장하여 이 도로와 연결된 곳은 모두 이 이름이 붙었다. 서초구에 양재동이 있으니 양재대로는 서초구, 강남구, 송파구, 강동구까지 최소 4개 구를 걸친다. 송파구의 방이동과 강동구의 둔촌동 등은 양재천에 못지않은 성내천 유역에 포함된다. 성내천 유역이 전혀 상관없는 양재천 유역으로 바뀌니 당황스럽다.

공식 안내문에 의하면 도로 명칭의 유래는 '서울 남쪽 지역에 넓게 분포된 양재의 지역명을 이용하여 도로명을 부여했다'고 하는데, 양재의 지명은 지형적으로 보면 서울에서는 서초구와 강남구만이 해당하고, 송파구에는 양재천의 유역에 포함된 부분이 없다. 따라서 지리적, 지형적으로 맞지 않다.

게다가 동사무소는 여전히 존재하여 기초 단위의 행정 업무를 맡고 있다.

행정 단위와 주소 체계가 서로 다른 이원 방식이 된 것이다.

소홀히 다뤄서는 안 될 민족의 삶이 깃든 지명

번지를 부여한 주소 방식은 일제 강점기에 정리된 것이기는 하나, 동이나 마을 이름은 조선 시대, 그 이전 고려와 삼국 시대까지 거슬러 올라가는 것이 많다. 지명의 유래를 살펴보면 자연 지형의 모습, 유불선 사상, 풍수지리 사상, 역사적인 유래, 신화와 전설 등과 관련이 있다.

근현대사에 있어서 개간과 간척에 따라 새로운 마을이 생기면서, 만들어진 지명도 많다. 예를 들어서 부산의 영도를 보면 조선 시대부터 있던 청학동, 신선동, 봉래동, 영선동 등은 신선 사상과 관련이 있다. 그러나 남항동, 대평동, 대교동 등은 해안을 매립하고 개발하면서 새로 생긴 지명이다.

정을 느끼던 지명이 갑자기 사라지고 새로운 주소가 부여되면서, 많은 이들이 당황하고 당국에 항의를 하니 행정안전부에서는 완전한 시행을 2년간 늦추었다. 국토지리정보원에서는 『한국지명요람』1984과 『한국지명유래집』2009, 2010을 발간하였다. 국가 기관에서도 지명을 소중히 여기고 있음을 알 수 있다.

주소를 보다 간편하게 만들고 찾기 쉽게 하려는 취지는 이해하지만, 문화유산이기도 한 지명을 너무 많이 사라지게 하는 것은 문제가 있다. 개선책이 있길 기대한다. 더구나 행정동그리고 법정동은 그대로 있어서 주민을 위한 행정 업무도 보고 공무원들도 그대로 있다. 이를 감안하여 도로명 중심으로 하더라도 절충하여 동과 리의 지명이 다시 살아나길 바란다.

땅 밑에 펼쳐진 또 다른 세상

더 높게, 그리고 더 깊게

'고층 시대'와 함께 '지하 시대'가 오고 있다. 서울, 부산, 인천에 150층, 500m 내외의 고층 건물들이 계획되고 건설되고 있다. 고층을 넘어 초고층의 시대가 왔다. 가시적으로 눈에 보이는 그 높이는 '민족'과 '국가'의 자존심을 드높여 준다. 북한도 경제 사정 악화로 건설이 중단된 초고층 건물인 유경 호텔을 24년만에 완공할 계획이라고 한다. 고층 시대는 하늘로 뻗는다.

2012년 현재 우리나라에서 가장 높은 건물인 동북아 트레이드 타워

한편 지하의 공간들은 수평으로 뻗으며 면적을 늘려간다. 지하에는 이미 지하철이 있고, 지하 역세권이 있고, 거의 모든 큰 빌딩에는 지하 주차장 외에 상가와 식당가를 만들고 있다. 최근에 주목할 만한 것은 획기

적인 아이디어의 지하 도로망이다. 경기도는 시속 200km의 고속철도망을 지하 40~50m에 건설하고, 서울시 역시 지하 40~50m 깊이에 시속 100km 이상의 도시 고속철도망을 만든다는 계획을 세우고 있다. 경기도의 지하 고속철도를 KTXKorea Train eXpress에 견주어서 GTXGreat Train eXpress라하고, 서울시의 지하 도시 고속도로망은 유스마트웨이U-Smart Way로 이름이 붙었다. 물론 현재의 지하철도망을 지속적으로 확대하는 공사도 계속하고 있다. 예산을 보면 경기도가 14조 원, 서울시가 11조 원 등 총 25조 원이 계획되어 있다. 완공 후에는 엄청난 교통경제적인 효과와 상권 경제의 확대와 고용 증대 효과가 기대된다. 그러나 국가 경제 및 이것을 이용하는 인구 수요 등을 고려해야 하므로 진행 여부는 좀 더 지켜봐야 한다.

서울은 지금 지하 시대

고려대학교와 이화여자대학교를 가면, 과거의 모습을 아는 사람들은 놀라게 된다. 두 대학은 학교 중앙에 위치한 대운동장을 없애고, 그 자리에 지하 건물들을 세웠다. 지상은 보행로와 공원 시설과 약간의 녹지대로 변모하였다. 지하에는 다양한 대학 시설과 도시의 편의 시설과 학생 편의 시설을 만들어서 그야말로 하나의 지하 도시를 만들고 있다. 복잡하므로 방향을 잃어버리지 않도록 해야 한다. 고려대학교는 지하 건물서울 삼성동의 코엑스에 빗대어 고엑스라고 한다에서 지하철로 바로 연결된다. 이화여자대학교는 운동장 가운데를 깊게 파서 보행로로 사용하는 한편, 보행로에 면하는 양쪽 지하 건물의 벽을 유리로 하여 채광 효과를 발휘하는 독특한 건축 양식을 보여 준다ECC; Ehwa Campus Complex. 성남의 가천대학교도 지하철 가천대역과 바로 연결되는 지하 건물을 만들고 있다. 한양대학교도 이와 유사하다. 고려대학교, 이화여자대학교와 같은 의미이다. 서강대학교도 지하에 편의 시설을 만들어 반응이 좋다고 한다.

이화여자대학교 캠퍼스 복합 단지

운동장이 사라졌다. 운동장은 건물이 없고, 콘크리트도 덮이지 않은 흙으로 된 넓은 빈 공간이다. 대학도 학교인데 운동장이 없으니 이상한 느낌이 든다. 운동장의 시골적인 모습이 지하 공간의 첨단 도시적인 모습으로 바뀐 것이다. 아직은 사회인, 직장인이 아닌 학생들의 풋풋함과 젊음이 보다 도시적이고 첨단적인 모습으로 바뀐다. 운동장의 아날로그가 첨단 지하 공간의 디지털로 변하고 있다.

서울 시내의 학교들도 운동장을 그대로 두고 있지만 그 아래로 지하 공간을 활용하여 지하 주차장을 만들어 이웃의 상인과 고객들에게 제공하고 그 수익의 일부를 학교가 갖는 경우도 있다. 필요한 여유의 공간을 여기서도 지하에서 찾는다. 많은 아파트들이 초고층화되고 있지만 주차장을 지하화하면서 얻어진 지상의 작은 공간은 녹지와 연못과 걷는 길과 광장으로 만들고 있다. 건설공학의 발달은 이러한 공사들을 가능하게 했고 안전과 미려함과 편리함을 충분히 제공해 준다.

서울의 인구는 비교적 긴 시간 동안 1000만 명 내외를 계속 유지하고 있다. 그럼에도 지상의 건물들은 높아지고 밀도도 높아지고 있고, 지하의 공간도 계속 늘어나고 있다. 어찌된 것일까? 서울 시내를 이용하는 인구가 서울에 거주하는 인구뿐 아니라 인근의 경기도를 비롯한 수도권에 거주하는 인구들도 있기 때문일 것이다. 왜 서울, 수도권으로 계속해서 인구가 모이는 것일까? 그도 아니라면 기존에 서울에서 살던 인구들의 생활의 질 향상에 대한 기대가 계속 높아지기 때문일까? 협소한 평지에서 빠른 교통, 편리하고 증대된 서비스 기능 등을 제공하는 것이 고층과 지하로의 시설 확장에 기여하는 바가 클 것이다. 아무튼 서울의 지상과 지하를 막론하고 시설물의 밀집도는 계속 증가하고 있다.

인류의 역사는 지하에서 시작되었다

지하 공간 이용의 역사는 오래되었다. 지상에서는 여름철이면 온도가 올라가고 겨울이면 온도가 내려간다. 우리나라의 여름과 겨울의 온도 차이가 심할 때는 50℃에 이른다. 지상에서는 평균적으로 겨울은 0℃ 이하, 여름은 25℃ 이상이 된다. 그러나 땅속을 어느 정도 깊이 이하로 내려가면 일정한 온도를 유지하여 기온 변화연중 기온 변화와 하루 중의 기온 변화 모두의 영향을 거의 받지 않는다. 중위도 지역의 여름날 하루의 온도 변화는 20℃ 정도되지만 지하 약 40~50cm 정도만 내려가면 하루 종일 온도 변화가 거의 없다. 더욱 깊은 곳으로 내려가면 계절에 따른 온도 변화까지도 없다. 미국 뉴욕의 조사 결과를 보면 깊이 6m를 내려가면 연중 기온이 10~13℃ 정도 내에서 유지된다. 조금 더 내려가서 깊이 8m 정도 되면 기온은 11~12℃로 고정된다. 6m 정도의 깊이만 되어도 포도주와 치즈 등을 보관하기에 무리가 없다. 조금 추운 북구 유럽도 약 9m 정도 내려가면 일정한 온도로 유지되어 좋은 포도주 저장고가 된다. 지상의 더위와 혹한을 피하기 위한 자연 적응으로 지하 공간을 이

중국 둔황의 막고굴

용하는 것이다.

옛날 우리나라 선사 시대 사람들의 주거지도 반지하로 파서 들어간 움집이 많다. 유럽과 미국의 초기 원시인이나 이주민들은 주거지로 자연 동굴을 이용하기도 했다. 스페인의 알타미라 동굴에 구석기 시대의 벽화가 남아 있다. 석굴은 약간의 습도가 느껴지지만 시원하여 살 만하다. 시간이 흐르면서 석굴에 불상을 배치하기도 하였다. 신장의 둔황과 투르판, 우루무치 등의 토굴도 주거지로 이용되었다. 과거 하천이 흐른 곳으로 하천의 자갈들이 수십 미터의 깊이에 덮이고 이들 자갈층이 1만 년 이상을 지나면서 어느 정도 굳게 되었다. 이들은 하천변의 절벽에서 수평으로 파고 들어가기가 나름 용이하고, 고결성이 있어서 쉽게 무너지지 않는다. 이를 이용하여 고대에서 근대까지 주거지로더러는 군사 주둔지로까지 이용하였다. 둔황 막고굴의 깊은 토굴에서

와인 저장고로 사용되는 지하 창고

는 거대한 불상과 많은 불화를 보관하였다. 그중 한 칸에서 신라의 고승인 혜초의 왕오천축국전이 발견되었다.

건조한 지역에서는 높은 산에서 흘러내리는 물눈 녹은 물도 많다이 지표에서 증발하는 것을 막기 위하여 수로를 인공적으로 지하화 한다. 이란에서는 '카나트Qanat'라 하고 중국 서역에서는 '카레즈Karez'라고 한다. 토굴과 함께 좋은 관광지로 삼고 있다. 오클랜드 대학 지리학과의 윤홍기 교수는 그의 풍수지리설의 기원으로 건조 지역의 혈거식 주거의 입지를 든다. 그는 흔히 풍수지리에서 명당자리로 보는 혈穴을 지하, 혹은 반지하의 혈거식 주거를 뜻한다고 주장한다.

현재 우리나라에서도 폐광된 굴들을 식품의 저장과 발효에 이용하고 있다. 충청남도 보령의 광천읍에서는 인공적인 토굴을 파서 새우젓을 담아 보관한다. 이 자체를 자랑으로 삼는다. 우리 선조들도 옛날에 겨울 무를 땅에 파서 묻었다. 생태적인 건축의 한 방법으로도 집을 일부 땅에 묻기도 한다. 얼마 전 미국의 현대적인 내부 시설이 된 토굴집이 소개되었다. 부산 좌천동에는 동굴집이 있었는데 현재는 환경개선사업으로 없어졌다고 한다. 일제 시대 때 무기 창고로 사용하기 위해 만든 것이라고 하는데 파식으로 만들어진 해식 동굴을 더 깊게 판 것인지, 아예 인위적으로 만든 것인지는 정확하지 않다.

지하 시설에서 장시간 근무하거나 거주할 때 오랫동안 햇빛을 보지 못한다면 건강에 좋지 않고 스트레스도 받는다. 아무튼 옛날에는 혹한과 혹서를 피하여 자연스럽게 주거지와 보관 장소를 지하에서 구했다. 현대의 도시는 점점 더 발달하면서 부족한 토지를 대신하여 땅속으로 들어간다.

인간의 무한한 발전을 감당하기 버거운 지구

석유에 의지하여 달려온 발전

현대 문명은 엄청난 에너지를 바탕으로 발전해 왔고, 문명의 퇴보가 없는 한 앞으로도 계속 그러할 것이다. 따라서 필연적으로 대기 오염과 함께 온실 효과에 의한 지구온난화가 유발되고 있다. 브릭스BRICs라고 하여 브라질, 러시아, 인도, 중국 등은 국토 면적이 넓고, 자원이 많고, 인구가 많은 국가라고 하여 발전할 나라로 주목을 받았다. 그러나 중국과 인도가 비약적으로 경제 성장을 하면서 에너지의 수요도 폭발적으로 증가하여 가히 에너지 전쟁, 에너지 세계대전의 시대를 맞고 있다.

석유 값은 꾸준히 올라 왔지만 최근 그 상승세가 가파르다. 대부분의 주유소에서 휘발유 가격이 리터당 2000원을 넘었다. 리터당 하루에 1원씩 오른다는 말이 거의 맞다. 주유소 직원이 기름을 넣을 때는 가득가득 넣기를 권장한다. 앞으로 비축유가 바닥이 나면 더 오를 것이라고 한다. 석유 값이 오르니 연비가 좋은 소형차가 많이 팔린다고 한다. 기름이 많이 드는 군사 기동 훈련도 축소한다. 최근에는 난방비가 많이 드는 석유 대신 연탄의 수요가 증가하고 있다고 한다.

걸프 만의 석유 시추 선

농업과 수산업 등 1차 산업조차도 인간의 기본적인 육체의 힘에만 의존하는 것에서 벗어난 지 오래되었고, 생산량과 생산성 향상의 압박으로 기계와 석유와 전기에 대한 의존도가 매우 높아졌다. 석유 값의 상승은 당연히 농산물과 수산물 가격의 상승을 불러오고 나아가 폭등으로 이어진다.

최근 리비아처럼 석유 매장량이 풍부한 아랍권 국가의 민주화 열풍에 따른 생산 및 운송의 차질과 미국이 주도하는 이란 석유의 수입 금지 정책도 석유 가격에 영향을 미쳤다. 그러나 그것은 부분적이고도 일시적이다. 석유 값은 오랜 세월에 걸쳐 꾸준히 증가하였다. 전 세계에 걸쳐서 수요가 엄청나게 늘어나고 있고, 석유의 채굴 비용도 함께 늘어나고 있기 때문이다. 채굴 심도가 깊어지고, 새로운 유전을 찾는 비용도 포함된다. 이러한 비용 구조는 워낙 투기성이 높기도 하고 국제 정치적 요소도 있어 자세히 알기는 쉽지 않다. 석유와 관련된 산업 자체가 매우 복잡하게 얽혀 있기 때문이다.

인류 문명 유지에 필요한 에너지를 석유에 너무 의존하고 있는 것이 문제이다. 어쩌다가 인류 문명의 방향을 석유 의존으로 잡은 것이다. 늦게나마 이를 재생 에너지, 신재생 에너지 등에서 찾고 있지만, 이러한 에너지 개발에 드는 비용이나 에너지조차도 석유에 기반을 두고 있다. 더욱이 신재생 에너지는 여전히 그 효율성이 석유나 기존의 전기에 못 미친다.

새로운 에너지의 개발

전 세계가 관심을 가지는 대체 에너지에 대해 우리도 역시 관심을 가지고 살펴볼 필요가 있다. 일단, 한정된 것이긴 하지만 우리나라 주변에서 새로운 석유나 천연가스의 유전을 찾는 일이다. 울산 앞바다에서도 소규모이지만 천연가스를 생산하고 있으며, 그 인근에서 새로운 천연가스를 찾고 있다. 북한 쪽의 서해와 동해에서도 석유와 천연가스의 유징이 나타나고 있기도 하다. 그러나 이러한 석유나 천연가스는 어차피 매장량이 한정되어 있으니, 결국 언제나 얻을 수 있는 무한한 에너지, 즉 재생가능 에너지renewable energy로 방향을 돌려 수력, 태양열, 풍력, 조력潮力, 지열地熱, 생체생물, biomass 등의 에너지를 개발해야 한다.

수력은 가장 전통적인 재생 에너지로서 일찍부터 많이 이용되어 왔다. 유명한 압록강의 수풍댐 발전소와 북한강의 화천댐 발전소가 있고, 서울 인근에도 팔당댐과 청평댐이 있다. 발전 가능한 수력량을 포장 수력이라고 하며, 이를 통해 하천이 지닌 잠재적 발전 능력을 알 수 있다.

태양열도 오랜 에너지원이다. 직접 채광을 통해 에너지를 얻는 방법은 어쩌면 본능이라 할 수 있다. 농어촌이나 신개발 주거지의 주택 지붕에 태양열 전지판을 설치해 난방과 온수에 필요한 에너지를 어느 정도 해결한다. 그리고 가로등과 신호등용과 같이 소규모로도 태양열을 통해 필요한 에너

풍력 발전기와 소형 태양열 발전기

지를 공급받고 있다. 차량용으로도 실험 중이다. 건축 설계 시에 많이 이용할 수 있도록 홍보할 필요가 있다. 전국 어디서나 이용할 수 있고, 기술 발전에 따라 이용량을 늘릴 수 있다. 그러나 겨울이나 악천후 시에, 북서 방향 사면에서는 이용이 곤란하다.

우리나라의 지각은 지질적으로 비교적 안정된 위치에 있는 관계로 지열의 이용은 그리 많지 않다. 온천수로 이용하는 경우가 가장 일반적이다현재 가장 수량이 풍부하고 온도가 알맞은 곳으로 울진 덕구 온천을 들 수 있다. 오히려 시원하고 일정한 온도를 유지하는 장점을 살려 동굴을 저장과 숙성을 위한 공간으로 이용할 수 있다. 지하의 시원한 바람을 이용하여 여름철 건물 냉방용으로 이용하는 곳도 있다.

풍력 발전도 최근 비약적으로 발전하고 있는 듯하다. 제주도 행원에 풍력 발전기바람개비가 들어선 이래 대관령, 영덕, 포항 등에 풍력 발전기를 가동 중이거나 설치 중에 있다. 앞으로도 바람이 많은 산지와 해안에 가설될 것으로 보인다. 바람개비만 있으면 에너지를 무한대로 공짜로 얻을 것 같지만 문제는 바람이 항상 불지 않는다는 것, 설치비와 유지비가 생각보다 많이 든다는 점, 때로는 경관을 해칠 수도 있다구경거리이기도 하지만는 점 등의 단점이 있다. 유럽에서는 경관을 해친다고 해안가의 바닷물 속에 설치하여 전기를 얻는 곳도 많다.

조력 발전 또한 매력적으로 생각되고 있다. 우리나라의 서해안은 조차가 커서 경기만에서는 거의 9m에 이른다. 조차 발전은 만조 시에 들어오는 물을 가두었다가 간조 시에 흘려보내면서 그 물살의 힘으로 터빈을 돌리는 것이다. 아산만이 조력 발전의 적지라는 설이 있었고, 최근 북한의 전력 지원을 위해 해주만을 막아서 조력 발전을 한다는 계획도 있었다. 조차를 이용하는 것 외에도 파도의 힘파력, 빠른 연안류유력를 이용한 발전도 있다. 무한대의 에너지이지만 대규모이고, 다른 해안 시설을 이용하지 못하고, 풍력 발전과

시화 방조제에 세워진 조력 발전소(이흥재)

마찬가지로 경관을 해칠 수 있다는 단점이 있다. 그러나 서해안에서는 시도해 볼 만한 에너지원이다. 최근 가동된 시화호 조력 발전소는 민물 방식 발전소로 연간 5억 5200만 Kw의 전기를 생산한다. 이는 13만 가구가 1년간 사용할 수 있는 어마어마한 양으로 세계 최대 규모이다. 서해의 가로림만에도 대규모의 조력 발전소를 계획하고 있는데 환경적으로 논란이 되고 있다.

자동차의 경우에는 축전지를 이용한 하이브리드 자동차가 양산화되었고, 생물 디젤유도 상용화되었으며, 수소를 이용한 에너지 개발도 시험 중이다. 이것이 완성되면 거의 무공해, 무한대의 에너지를 얻을 수 있을 것이다. 그러나 아직은 편리성과 효율성에서 석유와 천연가스를 따라갈 수가 없다.

전 세계적으로 본다면 공해가 심해 천덕꾸러기였던, 그러나 석유보다 가채연수가 훨씬 긴 석탄에서 공해 없이 석유와 유사한 제품을 뽑아내는 기술이 시험되고 있다. 그리고 타르 샌드와 오일셰일유혈암 등에서 석유를 뽑아내는 기술 개발도 다시 가동되고 있다. 다양한 생물체의 기름콩기름, 해바라기 기름, 동백 기름, 옥수수 기름, 아주까리 기름, 유채 기름 등을 이용한 생물 에너지 개발도 이루어지고 있다. 종류를 보면 참으로 다양하다.

원자력 이용의 확대도 재검토되고 있다. 방사능 위험과 핵무기 전용 등의 문제로 조심스러운 원자력 발전이지만 전 세계적으로 우라늄이나 토륨의 가채연수가 거의 3600년이라고 하니, 폐기물 처리와 안전 문제가 해결되면 당분간은 걱정이 없을 것이다. 그러나 아직은 장담할 수 없다. 갈수록 주요 에너지의 고갈 우려는 더욱 커질 것이고, 그 대안이 되는 에너지원의 개발이 아직은 여의치 않다.

원자력, 새로운 대안?

전기 생산에 드는 에너지로서 가장 대안이 되는 것이 원자력이다. 안전 문제가 있긴 하지만일본 대지진에 의한 후쿠시마 원전 사고로 원자력 발전의 위험성이 다시금 주목되었다 그래도 장기적으로 효율적이다. 그러나 아이러니하게도 이마저도 건설에 많은 석유 에너지가 필요하다. 그럼에도 막대한 전기 에너지 생산에 관한 한 아직은 원자력 발전이 최고이다.

우리나라는 전체 전기 에너지 생산의 40%를 원자력 발전에 의존한다. 지

영광 원자력 발전소 전경

금도 새로운 원자력 발전소를 건설하고 있다. 신고리 1호기는 이미 발전을 하고 있고, 2호기도 2012년 초면 완공되어 발전에 들어간다고 한다.

우리의 뛰어난 원자력 발전소 건설 기술과 가동 기술로 아랍에미리트의 원자력 발전소 건설 수주를 받았다. 60년 가동 보장이라는 조건이 계약에 있는지가 문제가 되고 있지만, 중동의 국가들도 석유 고갈에 대비하여 원전에 눈을 돌리고 있음에 주목해야 한다. 폴란드도 풍부한 석탄을 바탕으로 하는 화력 발전전력 생산 94%을 원자력 발전으로 방향을 돌리고 있고, 그 수주에 한국, 프랑스, 미국 등이 나서고 있지만 현재는 미국이 유리하다는 언론의 전언이다. 선진국, 개발도상국을 가리지 않고 앞으로 원전에 대한 관심이 높을 것이다. 석유가 그래도 아직은 안정적으로 공급될 때 원자력 발전소를 많이 가동시켜야 한다.

원자력 발전소와 관련된 문제는 방사능 피폭에 따른 문제와 안정적인 폐기물 처리 시설 입지 선정에 관한 것이다. 누구도 원망할 수 없는 님비Not In My Back Yard 현상의 전형이다.

버거운 지구

에너지의 대종은 사용에 극도로 편리한 석유와 전기이다. 경제학적으로 수요는 인간이 일으키고 공급은 지구가 맡는다. 에너지의 수요는 늘어나고 인간의 삶은 화려해진다. 지구는 더욱 파헤쳐지고 인공적으로 변해 간다. 문제는 지구가 공급하는 석유는 한정되어 있고, 사용량은 늘어나고, 따라서 얼마 안 있으면 고갈이 된다는 것이다. 사실 국제적으로 이산화탄소 배출 감소 합의보다 훨씬 시급한 것이 석유 사용량 감축 합의이다.

보기에 따라서는 석유 감축 합의가 훨씬 쉽고 효과적이다. 예를 들어서 세계의 모든 자동차 회사들이 1000cc 이하의 자동차만 만들기로 합의하면 일단 엄청난 석유가 절약된다. 현재 하이브리드 자동차의 연비는 최고 리터당

30km가 나오는 데 앞으로 기술 개발에 따라 더 나아질 것이다. 당연히 이산화탄소 배출 감소는 자동으로 따라온다. 농사도 자연기후와 토양과 인력에 더 의존하면 된다. 그러나 이 문제는 자동차와는 달리 조금 복잡하다. 먹거리가 소박해지고, 먹는 양을 줄여야 한다는 조건이 붙는다. 맬서스의 주장처럼 인구가 줄어들어야줄여야 할지 모른다.

석유가 없는 시대에 어떻게 먹고 살 것인가? 그 해답은 석유 사용 없이 살았던 가장 최근의 역사 시대를 살펴보면 될 것이다. 자연과 인력으로 의식주를 해결한다. 멀든 가깝든 이동하는 것도 인력과 축력을 이용한다. 아무래도 인구가 더 늘기는 힘들 것이다. 석유와 전기 의존도가 매우 높은 문화 활동스포츠, 오락, 관광, 음주가무 등도 줄어들 것이다. 고층 건물도 걸어서 오르내릴 정도5층 정도로 낮아질 것이다. 상징성이 없는 일상적인 건물들은 인력으로 지어지고 실질적으로 이용될 수 있을 정도로 더 낮아질 지도 모른다.

수많은 인류를 살리고, 인류에게 에너지를 공급하는 지구는 사실 버거울 것이다. 지구는 인간만을 위한 공간도 아닌데, 인간이 너무 많은 공간을 차지하고, 너무 많은 것을 지구로부터 요구하고 있다. 국가적으로도 빠른 적응이 필요하다. 글로벌 시대이니 전 세계의 합의도 필요하지만, 우선 국가 수준에서라도 살을 빼고 인간 자생의 힘을 기르는 정책으로 나가야 한다. 지속가능한 성장의 방향도 이러한 점을 고려해야 할 것이다.

왜 출산율이 낮아지고 인구는 고령화하는가? 어떻게 걷기와 자전거 타기가 유행이 되었을까? 구제역의 발생과 농산물의 가격 인상도 에너지와 연관이 있다. 언젠가 넓은 운동장과 골프장 등에 결국 텃밭 가꾸듯 곡물 농사를 짓게 될지 알 수 없는 노릇이다. 무엇인가 지구가 인간 삶의 방향을 틀고자 하는 것은 아닐까? 지구가 인간의 지나친 에너지 요구에 힘들어하는 것이 아닐까?

에너지 절약 방안은 여러 가지가 있지만, 우리는 절약보다는 새로운 에너지를 찾아 헤매는 방안을 더 선호하는 것 같다. 그것은 자원과 에너지의 과소비가 이미 너무 우리의 문명 구조로 정착되고 생활화되었기 때문에 어쩔 수 없는 일인지도 모른다. 이는 선진국이나 개발도상국, 후진국 등 경제 수준을 가리지 않고 그러하다. 그래도 갑자기 우리의 문명이 무너지지 않으려면 어떠한 방식으로든 준비를 해야 할 것이다. 석유와 같은 화석 연료가 운이 좋아 더 주어진다 하더라도, 바람, 태양, 해안 등 각 지역의 지리적인 조건을 최대한 합리적으로 활용하여 대체 에너지를 얻기 위한 노력이 필요하다. 그리고 인간 스스로 에너지를 덜 사용하는 문명 구조로 바꾸어야 할 것이다. 절약을 넘어 적응해야 할 것이다.

4

문학을 담은 지리 교실

소설가의 지역 연구

보통 작가作家라고 하면 소설가小說家를 의미하는 것 같다. 시인詩人은 작가라고 하지 않고 그냥 시인이라고 한다. 극작가나 드라마 작가, 희곡 작가들도 작가라고 부른다. 긴 이야기와 장면들을 만들어 내기 때문이다. 작가는 말 그대로 만들어 내는 사람이다. 시인도 시를 만들어 내는 사람이지만 시는 워낙에 감성에 호소하는 것으로 만든다기보다는 느끼고 영감으로 글을 쓰기 때문이다. 만든다는 의미보다는 느낀다는 의미가 시인에게는 강하여 작가라고 부르지 않는 것 같다.

『칼의 노래』의 배경이 된 한려수도, 통영

그렇다면 작가들은 소설혹은 희곡, 시나리오까지 포함하여을 만들기 위하여 어떠한 노력을 할까? 작가들이 영감만으로 소설이나 희곡을 짓는 것은 아닌 것 같다. 김훈의 『칼의 노래』나 『남한산성』은 과거의 시간과 지리적 공간으로 돌아간 듯 사실적이다. 실제로 존재했던 역사와 지리적 사실이 아니더라도 적어도 존재함직한 시간과 공간을 바탕으로 글을 만든다. 그래야 탄탄한 것이다. 이렇듯 사실에 근거하지 않으면 이미지 소설, 혹은 판타지 소설이 된다. 그러나 이러한 판타지 소설들마저도 최소한 존재하는 시간적, 공간적 사실에 어깨를 기댄다. 한편 역사 소설들은 시간을 복원하는 데 공을 들이면서도 공간에 대하여서는 좀 덜하거나, 상상력을 더 한다. 어떻게 보면 지리는 우리 곁에 늘 존재하였으므로 소설 속의 공간이 오로지 상상력만의 산물이라고 볼 수는 없을 것이다.

소설의 배경은 현실 공간에 바탕을 둔다

톨킨John Ronald Reuel Tolkien, 1892~1973년의 『반지의 제왕The Lord of the Rings』도 상상력에 의한 최고의 판타지 소설로 꼽히지만 톨킨 자신은 옥스퍼드 대학 영문과 교수이며 중세 문헌 분석을 전공한 문헌학자였다. 우리나라에 처음 출간될 때에도 현역의 유능한 젊은 영문학자들이 번역하였다1991, 김번, 김보원, 이미애 역, 예문. 초기 번역본은 원서에 충실하여 깨알 같이 아주 작은 글씨로도 3권으로 된 방대한 분량이다. 톨킨이 창조한 '중간계'라는 독특한 시간과 공간을 배경으로 이야기가 진행되지만 산맥과 하천 등은 현실을 많이 반영하고 있다. 얼마 전에는 현역 지리학자가 『반지의 제왕』을 지리학적으로 분석한 책을 내기도 했다. 『지도로 본 반지의 제왕』이 그것이다. 그만큼 이 소설에서 지리적 배경이 중요한 것이다.

『반지의 제왕: 두 개의 탑』의 모티브가 된 페롯의 탑

어린이를 위한 소설 『찰리와 초콜릿 공장Charlie and the Chocolate Factory』에는 윌리

웡카의 초콜릿 공장에서 일하는 난쟁이, 움파룸파족이 등장한다. 웡카는 이들이 '룸파'라는 나라에서 왔다고 소개한다. 그러자 버루카 솔트라는 어린이의 엄마는 "그런 이름을 가진 나라는 어디에도 없습니다."라고 말한다. 웡카가 반박하자 그녀는 "웡카씨, 전 지리 교사예요."라고 답한다영화에서는 마이크 티비의 아버지가 지리 교사로 나온다. 웡카는 다시 자신이 직접 경험한 룸파에 대하여 설명하면서 울창한 밀림, 위험한 맹수, 나무 위에 지어진 집, 초록색 쐐기벌레를 먹는 사람들, 유칼립투스 나무[1], 카카오 열매 등에 대해 이야기한다. 세계 지리에 대한 지식으로 무장하여 룸파가 없다고 주장하는 지리 교사 솔트 부인과 경험을 통해 룸파가 존재한다고 말하는 웡카 사장의 의견이 충돌한다. 작가는 직접적 또는 간접적으로 경험한 어떠한 공간에 자신의 상상력을 더하여 룸파를 만들어 낸 것이다.

최명희1947~1998년의 『혼불』은 저자가 혼신을 다해 쓴 소설로 알려져 있는 만큼, 호남 지방의 풍속과 문화와 관습을 철저한 지역의 언어로 그려 내고 있다. 어쩌면 영혼이 든 '학술 보고서'인지도 모른다. 다시 말해 한 지역을 철저히 조사하여 만들어진 소설이라는 것이다. 손영목의 장편 『거제도』는 매우 사실적인 소설로서 '거제도 포로 수용소 사건의 전말에 대한 집대성'이라고 일컬어진다. 안수길의 『북간도』 역시 우리 민족의 간도 개척의 역사와 지리를 잘 담은 대하소설이다. 잘 알려진 많은 대하소설들은 장대한 공간과 시간에서 그 상황과 조건들을 받아들이면서 인간사를 엮은 것이다.

이렇듯 실존하거나 실존할 만한 시간과 공간을 바탕으로 소설을 지으므로 아무런 근거 없이 상상력만으로 위대한 소설이 나온 것이 아니다. 작가들은 작품을 만들기 전에 혹은 어떤 작품을 의도하면서 시간과 공간을 연구하

---

1 상록의 교목으로서 높이는 보통 10~15m 정도인데, 100m가 넘는 경우도 있다. 잎은 홑잎으로서 가죽 같은 질감이고 가장자리가 밋밋하며 흰빛이 돌고 어긋나거나 마주난다. 신선한 잎에서는 향기가 나고 휘발성인 유칼리유를 채취하여 약으로 쓴다.

고, 조사하며, 탐문하고, 기록하고, 기억한다. 소위 대작은 철저한 고증 혹은 조사가 따른다. 박경리의 『토지』, 허만 멜빌의 『백경Moby dick』이 그러하고, 존 스타인벡의 『분노의 포도The Grapes of Wrath』가 그러하고, 가와바타 야스나리의 『설국』이 그러하다.

모든 글의 기본 재료인 공간

소설이 아닌 위대한 학술서인 다윈의 『종의 기원』과 맬서스의 『인구론』, 한참 오래된 헤로도토스[2]의 『역사』도 지역과 장소와 그곳에서 벌어지는 인간사들과 생물들에 대한 철저한 기록으로 이루어진 것이다. 고려 시대 학승 일연의 『삼국유사』도 조사를 바탕으로 한 위대한 기록이다. 소설에서 작가 노트나 평론가들의 설명을 보면 많은 작가들이 작품 구상이나 소재를 위하여 답사와 여행을 한다. 소설은 사람들의 이야기이므로 소설을 통하여 존재하는 역사와 지리를 어느 정도 기술한다. 소설가 박태순 선생은 『국토와 민중』에 이어 『나의 국토 나의 산하』라는 국토 기행문을 여러 권 출간하고 스스로 '나의 국토 인문지리지'라고 이름을 붙였다. 소설을 쓰기 위해 사전에 많은 조사를 한 경험이 그대로 지리서를 쓰도록 했던 듯하다.

좋은 소설에 대한 평가 감상에 자주 붙는 '예술적인 아름다운 문장'과 '가슴을 파고드는 이야기'도 어려운 작업의 소산이지만 이를 위해서는 실존하는 시간과 공간에 대한 조사와 탐사를 통해 '소설가의 눈으로 지역을 이해'하는 데에도 심혈을 기울인다고 믿는다. '지역 이해'를 통하여 소설가는 소설을 쓸 것이고, 기자는 기사를 쓸 것이고, 지리학자들은 논문을 쓸 것이다.

---

2 고대 그리스의 역사가. 이전의 역사가 시가 등에서 다루어지던 것에 비해 그의 저서 『역사』는 체계적인 자료 수집과 실증적 자료 검증을 통해 그리스와 페르시아와의 전쟁을 서술하였다.

작가의 기억 한 권에서 나온『무진기행』

"자료가 없어 소설 완성을 포기할 수밖에 없었다."

지역에 대한 이해를 중요하게 여긴 작가의 한 예로는 현대 한국 문학, 특히 단편 문학의 백미라고 일컫는『무진기행』의 김승옥을 들 수 있다. 그가 왜 무진기행 이후 그만한 소설을 못 만들었을까? 그의 뛰어난 상상력을 기대한 많은 사람들의 실망이 컸다. 이에 대한 그의 고백을 들어 본다.

> "1968년 월간 〈신동아〉에 '동두천東豆川'이라는 장편 연재를 했으나 자료 미비로 완성시킬 자신이 없어 서두에서 중단해 버렸던 것이다. **(중략)** 의정부 북쪽의 자그마한 농촌 마을이었던 동두천이 미군 기지와 한국 군부대로 인하여 번창한 도시로 형성되어 가는 과정을, 그 지역 주민들의 삶을 충실히 그려낼 수 있다면 우리 한국 전체의 삶의 구조와 문제점들을 파악할 수 있으리라는 포부로 소설 쓰기를 시작하였다. 그러나 동두천 주민들과의 접촉이 충분치 않았고 더구나 미군에 관한 자료는 접근 불가능이어서 소설 완성을 포기할 수밖에 없었다. **(중략)** 1967년 중앙일보에 연재했던 '내가 훔친 여름' 역시, **(중략)** 두 젊은이의 자유분방한 국내 여행을 통하여 국내 각 지역의 역사적, 사회적,

도덕적 문제점을 훑어보겠다는 야심한 대작이었으나 겨우 여수 지방에서 여행은 끝나고 말았다."『무진기행』, 작가의 말 '나와 소설쓰기'에서, 1995, 문학동네

천재 작가로 알려진 김승옥은 출세작『무진기행』외에 왜 박경리의『토지』와 조정래의『태백산맥』,『아리랑』과 같은 긴 호흡의 소설을 못 만들었을까? 그에 대한 답을 스스로 고백했다. 그도 알고 있었던 것이다. 소설을 만들기 위하여 우리가 살고 있는, 혹은 우리가 살았던 과거의 시간과 공간 속에 담긴 인간의 삶과 그들이 얽혔던 지역과 장소 등에 대한 충실한 조사가 있어야 한다는 사실을 말이다. 그는 어떤 사정으로 그리하지 못했고 소설을 더 이상 진행시키지 못했다. 한국 문학사에서 아쉬운 대목이다.

작가의 어린 시절 기억으로 재현된 '무진'

많은 사람들이『무진기행』의 그 사실적 배경을 전라남도 순천으로 보고 있다. 김승옥은 1941년 일본 오사카에서 태어났으나 그가 성장한 곳은 순천이기 때문이다. 그는 '무진'이라는 곳군청 소재지 혹은 작은 규모이지만 시로 추정되는을 다음과 같이 그리고 있다.

"바다가 가까이 있으니 항구로 발전할 수도 있었을 텐데요?"

"가보시면 아시겠지만 그를 조건이 되어 있는 것도 아닙니다. 수심이 얕은 데다가 그런 얕은 바다를 몇 백리나 밖으로 나가야만 비로소 수평선이 보이는 진짜 바다다운 바다가 나오는 곳이니까요."

"그럼 역시 농촌이군요."

"그렇지만 이렇다 할 평야가 있는 것도 아닙니다."

"그럼 그 5~6만이 되는 인구가 어떻게들 살아가나요?"

"그러니까 그럭저럭이란 말이 있는 게 아닙니까!"

무진기행의 배경이 된 순천만

이상은 소설에 등장하는 등장 인물들의 대화로 이를 통해 무진의 지역적 특성을 알 수 있다. 무진이 순천이라고 가정하고 생각해 보자. 순천에는 작은 포구들은 있지만 큰 항구는 없다. 순천과 인접하여 해안을 끼고 있는 여수가 주변 지역, 전라남도 동부의 주항이다. 현재 순천만에서 바다로 나가는 포구는 매우 작은 포구인 대대포대대리이다. 여기까지도 간조 시에는 간석지가 드러나고 갈대밭이 우거진다. 부분적으로 간척하여 농경지로 변한 곳도 있다. 대형 선박이 다니는 '진짜 바다다운 바다'로 나가기 위해서는 '몇 백리'까지는 아니지만, 순천시 중심에서 50~60km를 나가야 하니 100리는 넘는다. 현재의 순천 중심에서 바깥 바다로 나가는 길목인 대대포까지만 해도 5km는 나가야 한다. '몇 백리'라는 거리는 작가의 심리적인 거리감, 어린 시절 느낀 그 먼 거리감이 반영된 것이다. 그럼에도 불구하고 전반적으로 매우 사실적이다.

김승옥은 그의 또 다른 자전적인 소설 『누이를 이해하기 위하여』에서 순천만의 풍경을 다음과 같이 그리고 있다. 여기에는 '갈대들이 들려준 이야기'라는 제목이 붙어 있다.

> 들이 아스라하니 끝나는 곳에는 바다가 장식처럼 붙어 보였다. 그 바다가 황혼 녘에는 좀 높아 보였다. (중략) 그날 황혼 녘에 나는 누이를 마을에서 좀 떨어져 있는 작은 강의 둑으로 불러내었다. 강은 이 들의 한복판을 꾸불꾸불 가르며 흐르고 있었다. 대개의 강들과는 반대로 이 강의 수원水原은 바다였다. 바다가 썰물일 때면 따라서 이 강의 물도 빠지고 바다가 밀물일 때면 이 강도 함께 부풀어 오르는 것이었다. 이 강가의 무성한 갈대밭 사이에 매여 있는 작은 돛배들은 밀물일 때를 기다려서 떠나고 혹은 돌아올 수밖에 없었다. 이 강이 들의 농업수가 되어 있는 건 아니지만 연안의 고기잡이라든가에는 퍽 친절한 수로가 되어 있었다. 우리가 사는 마을은 이 강과 그리고 이 들에 매달려 있었다.
>
> 밀물 시간이어서 강물은 바다 쪽으로부터 빠르게 흘러들어 오고 있었다. 갈대숲 사이에는 부리가 긴 물새들이 날아다니며 먹이를 찾고 있었다. 간간이 고기들이 강물 위로 펄쩍 뛰어오르곤 해서 주위의 정적을 돋우어 주고 있었다.

그는 순천만을 세밀하게 그리고 있다. 돛배가 매여 있는 대대포와 순천만과 만나는 동천과 이사천의 범람원, 간석지를 개간한 농경지, 밀물과 썰물을 이용한 어선들의 출입, 그리고 넓게 잘 만들어진 갈대숲을 묘사하고 있다. 상세한 묘사 탓인지 『무진기행』만큼 문장에서 문학의 향기를 느끼기에는 부족하지만 배경과 장면들이 그림같이 그려진다. 『무진기행』에서 나온 '5만~6만 명의 인구가 어떻게 그럭저럭 살아가는가'라는 질문에 대한 답을 여기에서 찾을 수 있다. 작은 강으로 동천, 이사천, 청룡천이 있고 둑들도 많다. '꾸불꾸불한' 것과 대대포에 이르기 좋은 곳이니 이사천의 곡류가 틀림없는 것 같다. 지금은 '꾸불꾸불한' 하천이 직강화되어 흐르고 '꾸불꾸불한' 강의 일부분은 잘려서 그냥 늪으로 남아 있다. 갈대밭은 순천만을 찾는 관광객들로 구경거리가 되었고, 순천만이 한눈에 내려다보이는 주위 산봉우리도 전망대로 개발되었다.

"먼 바다"와 "바다에 인접한 소도시" 사이에는 길고 넓은 간석지가 있었고, 그 위를 "밤 사이에 진주해 온 적군들처럼 안개"가 덮는다. 해무[3]이기도 하고, 간석지 위로 발생하는 복사무[4]이기도 했을 것이다. 멀지 않은 곳에 있는 "먼 바다"에서 바람 없는 안정된 공기를 가진 소읍으로 끝없이 수분이 공급되어, "매일 밤 찾아오는 여귀女鬼가 뿜는 입김"처럼 안개를 만들어 낸다. 아침이 되고 육지가 햇볕으로 바다보다 더 따뜻해지면 "바람이 바다 쪽에서 방향을 바꾸어" 불어와 안개가 사라지는 것이다. 매일 교차하는 기압 차에 의한 해풍과 육풍을 절묘하게 그린다. 김승옥은 실존하는 순천만의 자연환경과 인문환경에 소설적 낭만을 입힌 것이다.

오늘날 변화한 순천만의 지리를 살펴보자. 농업이나 다른 직업을 가진 소도시에 사는 이들에게는 아무것도 아닌 듯한, 생산성이 없는 듯한 그 넓은 간석지와 간석지를 흐르는 하천들과 평야들이 오늘날에는 연안 습지라는 생태관광지를 가져다 주고, "바다로 뻗은 긴 방죽물이 밀려들어 오는 것을 막기 위해 쌓은 둑"과 같이 제방을 쌓고 간척을 해서 "이렇다 할 엄청난 평야"를 만들어 냈다. 작가 김승옥은 유년과 소년 시절을 살면서 자연스럽게 그 지역을 알게 되었

3 따뜻한 바다 위를 차가운 공기가 지나갈 때, 혹은 반대로 차가운 바다 위를 따뜻한 공기가 지나갈 때 발생하는 안개이다.

4 해가 지면 태양 복사는 멈추지만 지구 복사는 계속 이루어지면서 지표면이 냉각되는 현상을 복사 냉각이라고 한다. 바람이 없는 맑은 날에는 복사 냉각에 의해 기온 역전이 발생하기도 하는데, 이 때에는 최저 기온이 낮기 때문에 포화가 잘 일어나 수증기가 응결하여 안개가 발생한다. 이를 복사무라고 한다.

고 조사와 답사의 기억과 기록을 가슴과 머리에 간직하고 있었을 것이다. 그가 더 큰 대하소설을 위하여 또 다른 공간과 시간을 탐험했더라면 어땠을까? 천재 작가인 그가 또 다른 대하소설을 남기지 않았을까? 문학적으로, 지리학적으로 아쉬움이 남는다.

오늘날 순천만의 드넓은 갈대밭과 간석지는 도시화된 생태 관광의 어쩔 수 없는 모습이라고 할지라도 순천만에서는 간석지 해안의 자연스러움을 맛볼 수 있다. 소설에서 무진의 "햇빛의 신선한 밝음과 살갗에 탄력을 주는 정도의 공기의 저온, 그리고 해풍에 섞여 있는 정도의 소금기, 이 세 가지만 합성해서 수면제를 만들어 낼 수 있다면…. 어떠한 약보다도 가장 상쾌한 약이 될 것"이라고 했다. 순천만에서 이를 느끼는 것이다. 자연다운 자연이 많이 사라진 지금 그래도 자연 생태계를 잘 보존하고 있는 이곳을 사람들이 먼 곳에서 일부러 찾아오는 이유는 '가장 상쾌한 약'을 먹고 싶기 때문인지도 모른다.

> 물이 가득한 강물이 흐르고 잔디로 덮인 방죽이 시오리 밖의 바닷가까지 뻗어 나가 있고 작은 숲이 있고 다리가 많고 (중략) 그것은 무진이었다. (중략) 그러나 그럴 때의 무진은 내가 관념 속에서 그리고 있는 어느 아늑한 장소일 뿐이지 거기엔 사람들이 살고 있지 않았다.

그 긴 방죽이 평야를 만들어 내고 방죽에 막힌 하천들이 농경지로 바뀌지 않은 갈대숲과 함께 '관념 속'이 아닌 현재의 아름다운 경관을 만들고남기고 있다. '시오리' 거리는 신라 시대의, 이제는 한참 내륙이 된 사비포현재 순천 오천동에서 갈대밭 끝자락에 있는 대대포까지 거리 5km와 대략 일치한다.

현실 공간과 창조된 공간

그러나 '무진'을 완전히 순천과 일치시킬 수가 있을까? 작가는 그의 고유한 권한으로 약간은 음울하게 실제의 공간을 변형시켰다. 소설은 신문의 기사가 아니며 학자들의 논문이 아니다. 그럼에도 실존하는 공간에서 받은 감정과 인식에서 완전히 동떨어질 수 없음을 의미한다.

순천은 일제 강점기 시절 천석꾼이 넘는 부자가 스무 명쯤 되는, 황해도 안악군과 더불어 지주가 가장 많았던 곳이었다『한국의 발견-전라남도 편』, 1984, 뿌리깊은나무. 순천 가서 인물 자랑, 돈 자랑하지 말라는 우스갯소리도 있다. 개화開化도 그만큼 빨랐다. 남도의 좋은 기후와 충분한 강수량과 평야가 순천의 힘이었다.

소설가 박태순 선생은 그의 국토인문지리지『나의 국토 나의 산하』 2권에서 지금의 순천을 다음과 같이 말하고 있다. "순천에서 김승옥의『무진기행』을 자연스럽게 떠올린다. 서울의 잣대로 관찰되는 국토와 순천의 눈빛으로 포착되는 국토는 서로 배신과 반란을 일으키고 있다는 것을 그는 예민하게 감촉했던 것이다." 오늘날 순천은 여수와 광양과 연계하면서 거대한 항만 공업 지역의 '워터프론트'로 개발되고 있다. 광양과 여천의 간석지는 대규모 공업단지가 되었지만 순천만의 간석지는 그대로 남아서 갈대와 낙조를 완상하게 한다. 해양성 문화도 함께 호흡할 수 있다. 순천에서 김승옥과『무진기행』, 그리고 그가 그린 사라진 혹은 남은 순천만의 지리를 본다.

세계적인 다설 지역 니가타 현을 생생히 묘사한 『설국』

유자와 정의 지역지리 연구서

시미즈 터널을 지나면 눈의 고장 유자와 정이다.

"접경의 긴 터널을 빠져나오니 눈이 많이 내리는 고장이 나타났다."로 시작되는 소설 『설국雪國』으로 가와바타 야스나리川端康成, 1899~1972년는 1968년 노벨 문학상을 수상했다.

『설국』은 1935년 잡지에 기고를 시작하여 1947년에 완결된 7편의 단편을 모은 소설 모음집이다. 그는 상당한 기간을 니가타 현新潟縣 유자와 정湯沢町의 유노사와 온천장에서 요양하면서 자연스럽게 그 지역에 대한 조사를 하게 되었고, 이를 그의 서정적인 문체를 통해 소설로 엮었다. 가와바타의 지역에 대한 묘사와 설명은 매우 사실적이며 정확하고 정밀하다. 그가 보고 느낀 바를 작가적 본능으로 소설로 만든 것이다.

이 소설은 지리학자인 필자가 보기에도 지리적인 소설, 혹은 '소설 지리'의 가장 대표적인 사례가 아닐까 한다. 『설국』에서 대화로 나오는 것이나 설명으로 나오는 모든 내용에서 지리적인 것들만을 추려서 그대로 연결하면 그 자체가 소설의 무대인 일본 니가타 현 유자와 정에 대한 정확하고 상세한 '지역지리 연구서'가 된다.

『설국』은 그의 다른 소설과는 달리 한 지역에 대한 철저한 지리적인 조사와 그의 적절한 유미주의적인 문체, 적절히 오고가는 사람들의 단편적인 모습들이 절묘하게 어우러져 있는 소설이다. 이 소설은 결코 등장인물이 주인공이 아니다. 그가 묘사한 유자와 정의 자연 풍경과 그에 따른 지역민의 삶의 모습, 즉 지리적인 설명이 다른 소설에서 흔히 그러하듯 단순한 '배경'이 아니라 '주인공'이며 등장인물들이 오히려 배경이 되는 독특한 소설이다. 가와바타는 이러한 분석적인 설명이 튀지 않을 만큼 절묘한 문체와 문장으로 소설을 완성시켰다.

눈의 고장, 혹은 눈의 나라

"작년에 큰 눈이 내렸지. 눈사태가 자꾸 나는 바람에 기차가 오도 가도 못해서 마을 사람들도 밥을 해서 날라다 주느라고 혼들이 났지."

(중략)

"난 옷을 네 겹이나 껴입었어. 젊은이들은 추우면 술만 퍼마시지."

(중략)

그곳은 제설차를 세 대 준비해 놓고 눈을 기다리는 접경 지대에 있는 산이었다. 터널의 남북으로 전력을 이용한 눈사태 통보선이 가설돼 있었다. 제설인부가 연인원 5000명에다 소방대 청년단이 연인원 2000명으로서 (중략) 시마

무라는 머잖아 눈에 파묻히게 될 철도 신호소에 (중략)

니가타 현은 눈의 고장이다. 흔히 눈의 나라, 설국으로 불린다. 일본의 중앙 섬인 혼슈의 중서부 해안에 자리 잡고 있다. 우리의 동해와 접해 있는 현으로 겨울이 되면 북서풍이 동해를 통과하면서 엄청난 수분을 머금게 되고 이 수분이 일본 중앙을 남북으로 관통하는 중앙 산맥, 니가타 현 쪽에서는 에치고 산맥에 부딪치면서 많은 눈을 내리게 된다. 지형성 강설이다. 말하자면 시베리아의 찬 공기가 상대적으로 따뜻한 동해를 지나오는 동안 불안정해지면서 대류성 강설과 산지에 의한 지형성 강설이 겹쳐서 엄청난 눈이 내리는 것이다. 소설을 통해 보면 이곳에 내리는 눈의 양이 예사롭지 않음을 알 수가 있다. 전봇대 높이의 철도 신호소가 눈에 파묻히기도 한다.

눈의 고장 유자와 정

눈 고장의 겨울은 처음이어서 이 고장 사람들의 옷차림을 보고 우선 겁부터 났다.

(중략)

"눈 온 뒤에 날씨가 개기 전 날 밤은 아주 추워요."

"작년엔 영하 이십 몇 도까지 내려간 적이 있었는 걸요."

(중략)

"보통 7, 8척이었지만 많이 내릴 때에는 열두서너 자는 넘었을 걸요."

1척尺은 1자로서 대략 1/3m에 해당하므로 12척은 약 4m, 7~8척은 2~3m 정도의 눈에 해당한다. 12척이 오면 단층집의 처마까지 눈에 잠긴다. 소설에서도 집들이 잠길 정도로 눈이 많이 내리는 장면이 나온다. 눈이 많이 오면 아무래도 온천장 손님이 줄기 때문에 스키장 손님을 준비한다고 설명한다. 한적했던 시골 온천장은 철도가 개통되면서 태평양 연안의 도쿄 쪽 사람들이 온천과 스키를 즐기기 위하여 본격적으로 이곳을 찾게 되었다. 이때 가와바타도 이곳에 요양을 오게 되었고, 유노사와 온천장은 더욱 유명해졌다.

그는 눈과 관련된 농촌 행사로 새쫓기 놀이를 설명하고 있다. 어린이들이 눈으로 사당을 만들고 그 앞에서 모닥불을 피우고 새쫓기 노래를 부른다. 그리고 눈 사당 안에서 밤을 샌다. 새벽이 오면 눈 사당 지붕에서 새쫓기 노래를 부른다. 농사에 해로운 날짐승과 들짐승 등을 경계하는 노래이다. 농사가 없는 겨울 동안 농사철에 필요한 새쫓기 놀이를 하는 것이 특이하다. 기나긴 겨울 동안 눈이 많이 오는 설국에서 별달리 일을 할 수 없는 특성상 의미 있는농사의 중요성 시간을 보내기 위해 겨울에 하는 것이 아닐까. 제목에서 그러하듯 이 소설에서 일어나는 거의 모든 장면들과 사건들은 눈과 연관을 맺고 있다. 숲과 갈대, 단풍 정도를 설명하는 부분에서 잠깐 여름과 가을이 나올 뿐이다. 화산 지형으로 온천이 많으니, 온천 산업과 스키 레저 산업이 함께 발달했다.

눈이 쌓이지 못하도록 탕에서 넘쳐흐르는 더운 물을 임시로 파서 만든 도랑으로 끌어들였는데 (중략) 선달그믐께로부터 정월이 되면 (중략) 게이샤들은 산바꾸노동용 바지에 고무장화를 신고, 망토를 두르고, 베일을 쓰고 연회석으로 (중략) 눈의 깊이는 한 자나 된다.

(중략)

"이틀만 내리면 곧 여섯 자2m는 쌓여요. 계속해서 내리게 되면 저 전신주의 전등이 눈 속에 파묻히고 말걸요."

(중략)

"앞 동네 중학교에서는 큰 눈이 내리면 기숙사 이층 창에서 벌거벗은 몸으로 눈 속으로 뛰어내린대요. 몸이 눈에 푹 빠져 잠겨 (중략) 눈 속을 헤엄쳐 걸어 다닌다는 거예요."

설국에서 살아가는 게이샤의 복장을 통해서도 이곳의 생활상을 엿볼 수 있다. 이들은 매일 목욕을 하고, 연회에 참석하기 위하여 구온천과 신온천의 10리 길을 걸어 다닌다.

많은 눈이 내리므로 눈사태도 자주 일어난다. 작가가 경험한 듯 눈사태에 대한 설명이 나온다. 눈이 너무 많이 와서 5월에야 도로에 자동차가 다니게 되고, 눈사태가 건물을 덮어 파손이 되었는데, 이 눈사태는 표층表層; 눈사태 쌓인 눈의 윗부분이 미끄러져 내림에 불과하지만 '언론에 과장되어 나가는 바람에 스키 손님이 줄었다.'고 등장인물이 말한다.

나뭇잎이 떨어지고 바람이 차가워질 무렵이면 (중략) 흐린 날씨가 계속된다. 눈 내릴 조짐인 것이다. 멀고 가까운 높은 산들이 하얗게 된다. 이런 것을 '산악 돌림'이라고 했다. 또한 바다가 있는 곳에선 바다가 울고, 산이 깊은 데선 산이 운다. (중략) 이것을 '몸통 울림'이라고 한다. 산악 돌림을 보고, 몸통 울림을 들으면 눈이 머잖아 내릴 것을 짐작하게 된다.

(중략)

"여승들도 (중략) 겨울잠에 들어가는 군요."

(중략)

"여승방에서 옛날 이 근방에서 짜던 지지미라도 짜고 있는 걸까요?"

위의 경우는 아마도 동해를 건너온, 동해의 수분을 품은 강한 저기압이 다가올 때, 급격한 기압의 하강으로 인한 대기의 불안정을 묘사한 것이다. 미국과 영국에서 말하는 겨울 폭풍winter storm이다. 커다란 기압 차로 서로 다른 공기 덩어리들이 부딪쳐서 소리를 내는 것이다.

유자와 정의 자연

여자가 삼나무 숲 그늘에 서 있었다. (중략) 삼나무 숲으로 천천히 들어갔다. 신사神社였다. (중략) 반듯한 바위에 가서 앉았다. (중략)

"여기가 제일 시원해요. 한여름에도 찬바람이 불거든요."

(중략)

삼나무는 (중략) 곧게 일직선으로 줄기가 치솟아 거무칙칙한 잎이 하늘을 뒤덮고 있어서 (중략)

유자와 정의 여름철 경관이다. 일본에는 그 나라의 상징처럼 삼杉나무 숲이 흔하다. 삼나무는 이 소설에서도 상당한 역할을 한다. 삼나무는 일본 전역에서 조림과 목재용으로 자라고 있으며 높이 40m, 둘레 5m에까지 이르고 수령이 2000~3000년에 이른다. 소설에서 삼나무 숲과 관련하여 벌레들 이야기가 나온다. 자연환경이 그대로 살아 있다는 느낌을 주지만, 주민들에게는 상당한 골칫거리였음을 알 수 있다. 파리매파리, 벌과 비슷한 사나운 육식 곤충, 잠자리, 나방, 자잘한 벌레들, 풀벌레, 지독한 벌레, 방충망 등이 등장한다. 그 외에도 계절에 따라 철써기여치과 곤충, 두꺼비, 까마귀, 참새 등이 등장한다.

소설의 곳곳에 흩어져 등장하지만 삼나무, 고산 습지, 억새밭, 관목림, 조릿대 숲이 고도에 따라 높은 산지에서부터 아래로 오면서 전개되고, 더 아래에 밭과 논이 전개되고 있음을 잘 설명하고 있다. 삼나무 숲과 억새밭에 대한 설명이 상당히 길게 나온다. 소설에 보면 억새는 큰 것은 사람 키의 두 배 정도에 이르고, 가끔 지붕을 덮을 때 사용한다. 억새를 매우 아름답게 묘사하고 있다.

유자와 정의 산업

자연과의 보호색을 찾는 마음 때문인지 객지에선 그 고장의 인정과 풍습에 본능적으로 민감했다. (중략) 이곳은 눈 고장에서도 가장 살기가 좋은 마을 중의 하나라는 것이다. (중략) 최근 철도가 개통되기 전까지는 주로 농촌 사람들의 약탕藥湯이었다고 한다. (중략) 게이샤가 있는 요리집, 단팥죽집의 빛바랜 포장 간판, (중략) 잡화 가게. (중략) 논밭에 나가 농사를 짓는 모양이었다. 춤 선생 집에 있는 아가씨 (중략)

소설에서는 본격적인 개발이 이루어지기 전의 온천장 거리의 경관을 보여준다. 소설이 사라져 버린 경관들을 다시 살려 주는 경우가 많다. 문학지리학이라고 한다. 작가가 답사로 살핀 모습들이 그대로 나온다. 온천장과 스키장, 가을 단풍놀이의 관광지로 개발이 이루어지면서 철새 노동자, 방한복의 게이샤, 화장품과 장식품을 파는 러시아 여인 박물장수 등도 소설에 등장한다. 매우 사실적이다.

집들마다 처마 끝의 차양이 길게 뻗쳐 나오고, 그 끝을 받치는 기둥이 도로에 나란히 줄지어 서 있었다. 에도 거리의 다나시타店下; 상점의 처마; 역자주와 흡사한데, 이 고장에서는 옛날부터 강기雁木라고 하여 눈이 많이 쌓이는 동안 이것이 통로가 되었다. (중략) 이웃과 이웃이 잇달아 있어서 지붕의 눈을 길바닥 한가운데로 쓸어내리는 수밖에 (중략) 실제로는 지붕에서 길에 쌓인 눈둑 위로 던져 올리는 것 (중략) 건너편으로 건너가기 위해서는 길에 쌓인 눈둑을 군데군데 도려내어 구멍을 뚫어 터널을 만든다. (중략) '태내胎内 빠지기'라고 일컫는 것 같았다.

옛날 온천장 시절의 주막거리, 말하자면 당시의 번화가였던 지역에 대한 설명이, 눈과 관련하여 상세하게 나오고 있다. 길을 가는 사람들이 눈을 맞지 않도록 강기라고 하는 긴 처마 밑으로 몰mall이 형성된다. 겨울철의 많은 눈을 어찌할 수가 없어 도로 가운데로 모으고, 군데군데 길을 건널 수 있도록 터널을 뚫어 맞은편 인도와 교통을 한다.

농부들이 '핫데'나무 막대기로 만든 볏가리; 역자주를 만들고 있었다. (중략) 산바꾸의 허리를 살짝 비틀어 처녀가 볏다발을 던져 올리면, 높이 올라간 남자가 능숙하게 받아 들어 훑어 내듯이 짝 갈라서는 장대에 걸쳐 나갔다. (중략) 감나무에 높직한 핫데가 묶여 있었다. 밭과 마당 사이에도 (중략) 또 다른 핫데가 있었고, 볏가리 밑으로 출입구가 만들어져 있었다.

일본 역시 우리와 마찬가지로 쌀을 주식으로 하므로 벼농사가 중요하다. 추수 후에 벼를 말리는 장면들에 대한 묘사가 나온다.

눈 속에서 실을 뽑고, 눈 속에서 옷감을 짜며, 눈으로 씻고, 눈 위에서 바래고, 실 뽑는 데서부터 옷감을 짜기까지 모두 눈 속에서 하였다. (중략) 눈에 갇힌 기나긴 겨울 동안에 마을 여자들은 길쌈을 했다. (중략) 눈이 녹는 봄철이 되면 옛날엔 지지미의 첫 장이 섰다고 한다. 멀리 3도三都, 에도 시대의 교토, 에도, 오사카를 지칭: 역자주의 포목상들이 묵는 단골 여관도 있었다고 한다. (중략) 처녀들이 반년 동안이나 정성을 다해 길쌈하던 것 (중략) 이 시장에 내다 팔기 위한 것 (중략) 원근 마을의 남녀들이 다 모여들고 (중략) 도회지의 명절처럼 (중략) 그 솜씨를 (중략) 등급을 매겼다. (중략) 눈내리는 겨울 동안의 수공업이었기 때문에 (중략) 털보다도 가는 삼실은 천연적인 눈의 습기가 없으면 (중략) 추위속에서 짠 삼을 삼복 더위에 입으면 신선하게 느껴지는 것 (중략)

눈이 오는 긴 겨울에 이 마을 사람들의 경제 활동으로 이 지역의 옷감인 마麻 지지미縮; 잔주름이 나게 짠 옷감; 역자주 만들기에 대한 설명이 매우 자세하게 나온다. 대략 5쪽에 걸쳐서 지루하다시피 설명이 나온다. 작가가 가장 긴 시간을 들여서 관찰하고 연구한 것으로 보인다. 지지미의 재료와 그 특성, 지지미 직조의 역사, 직조 과정, 판매 과정, 시장의 형성, 축제로서의 시장 등이 상세하게 설명되고 있다. 결국 지지미 직조의 과정과 이 지역의 지지미가 유명하게 된 것은 눈이 많이 내리는 이 지역의 자연 조건과 밀접한 관계가 있음을 작가는 말하고 있다. 즉 많은 눈과 눈으로 인하여 고립된 마을은 외부와 차단되면서 긴 시간이 주어지고 눈의 습기가 필요한 직조 과정 등이 결합된 것이다. 지지미 직조는 자연지리와 경제지리와 문화지리, 지역지리의 연관을 보여 준다.

자연 묘사에 보다 충실한 소설

필자가 이 소설에 주목한 것은 노벨 문학상 수상작이기 때문이 아니라, 소설 전체를 덮고 있는 지리적인 설명과 묘사가 매력적이기 때문이다. 상세한 지역 연구가 소설 곳곳에 녹아 있기 때문이다. 소설 말미에 붙은 역자 서기원 선생의 감상 노트를 보면 "주제가 막연하며, 줄거리가 없다는 특색 (중략) 인물과 배경은 있지만 소설의 형식이라고 할 수 있는 구성이 없다."고 했다. 역자의 설명을 뒤집는다면 그 지역의 지리가 주인공이 되고 인물과 이야기가 배경이 되는 구성이라고 하겠다. 『설국』이 세계적인 명성을 얻는 데는 이 독특함이 큰 작용을 했을 것이다. 일본의 자연 경관에 대한 서정성을 등장인물들이 바라보는 자연 경관에 대한 심리 묘사와 함께 일본의 풍속과 생활, 산업을 통해서 보여 준다. '자연주의', '유미주의'의 대표작으로서 찬사를 받지만, 이 소설에는 유난히 지리적인 설명이 진하게 들어 있다. 『설국』에서 지리적인 설명과 대화만 발췌하여 조립하면 그대로 유자와 정의 지역지리 연구서가 된다는 느낌이다. '지역지리'가 주인공인 소설이다.

지중해, 사하라 사막, 이집트를 배경으로 펼쳐지는 모험 이야기 『연금술사』

이야기의 중심으로 자리 잡은 지리적 요소

파울로 코엘료Paulo Coelho의 소설 『연금술사』에는 지리적인 내용이 풍부히 들어 있는 동시에 이것들이 소설의 전개에 깊이 관여하고 있다.

소설 『연금술사』는 신학교를 그만두고 양을 치던 주인공 산티아고가 이집트 피라미드 근처에 숨겨진 보물에 대한 꿈을 꾼 뒤 그 꿈을 좇아 모로코, 사하라 사막과 이집트를 여행하면서 겪는 여러 가지 사건과 만나는 사람과의 관계, 그들과의 대화, 지역 사람들의 삶, 인간 심리와 희망 등을 보여 준다.

이 소설은 주인공의 새로운 세계에 대한 동경, 사람들의 대화, 인간의 사고방식과 삶의 방식 등에 대한 내용들이 빠른 흐름, 간단한 문장, 다양한 새로운 내용의 삽입 등으로 전개된다. 그 가운데 특정 지역의 지형, 기후 등이 어우러지면서 새로운 이야기를 만들어 가고, 이야기의 변화를 보여 준다. 즉 지리적 배경이 단순한 바탕이 아니라 소설의 내용을 이끌어 가는 견인차 역할을 하고 있는 것이다. 특이한 것은 소설에 나오는 지명, 지형 등의 지역에 대한 언급이 실존하는 것이며, 그만큼 구체적이고 사실적이라는 점이다. 현실에 근거한 지리적인 내용은 주인공과 주인공이 만나는 사람들의 무대가 되고, 동경의 대상이 되고, 목적지가 되면서 소설의 전체적인 내용을 이끌어 간다.

기후와 바람

이런 뜨거운 햇살이라면 곧 양 떼를 초원으로 몰고 갈 수 없을 정도로 대지는 달아오를 것이다. 여름날 그런 시간이 되면 스페인 전체가 잠을 자지 않던가. 실제로 더위는 밤까지 계속되었다. 그는 온종일 뒤집어쓰고 있는 겉옷이 무겁고 답답하게 느껴져 입에서 불평이 새어 나오면 새벽의 추위를 생각했다.

이 소설은 주인공의 일상을 통해 지리적 배경을 전달하고 있다. 지중해성 기후[5]는 온대 기후라 하더라도 여름은 매우 덥고, 건조하며 일교차가 비교적 심한 편이다. 더운 여름 낮에 이 지역 사람들은 하던 일을 중단하고 낮잠을 즐기는데, 이를 '시에스타siesta'라고 한다. 겨울철이 되면 강수량도 약간 많아지고 온화하여 쾌적한 기후를 이룬다. 이때 지중해는 피한지로서 좋은 관광지가 된다.

바람 한 줄기가 불어왔다. 그는 이 바람을 알고 있었다. 사람들은 이 바람을 레반터라고 불렀다. 이 바람과 함께 동부 지중해, 레반트로부터 무어인들이 쳐들어 왔기 때문이다. 타리파를 알기 전에 그는 아프리카가 이토록 가까운 곳에 있는 줄은 상상도 못했다. 이곳은 늘 심각한 위험에 노출되어 있었다. 무어인들이 언제 다시 이 도시를 습격할지 아무도 몰랐다.

---

5 남·북위 35° 전후의 대륙 서안에 분포하며 여름철 강수량보다 겨울철 강수량이 많은 것이 특징이다. 연평균 강수량은 400mm 정도로 적은 편이다.

레반터는 이 지역의 지방풍으로, 지중해의 영향을 받아 고온의 약간 습한 편동풍이다. 바람이 불어오는 방향으로부터 사라센[6], 무어인[7]들의 침략이 있어, 늘 바람은 역사적인 사건을 연상시킨다. 좁은 지브롤터 해협을 사이에 두고 있으므로 사라센, 무어인들의 침략이 많았고, 오랜 세월 동안 안달루시아는 무어인의 지배를 받기도 했다. 레반터는 레반트 사람이라는 뜻으로, 지리 속에 역사가 은유되어 있다.

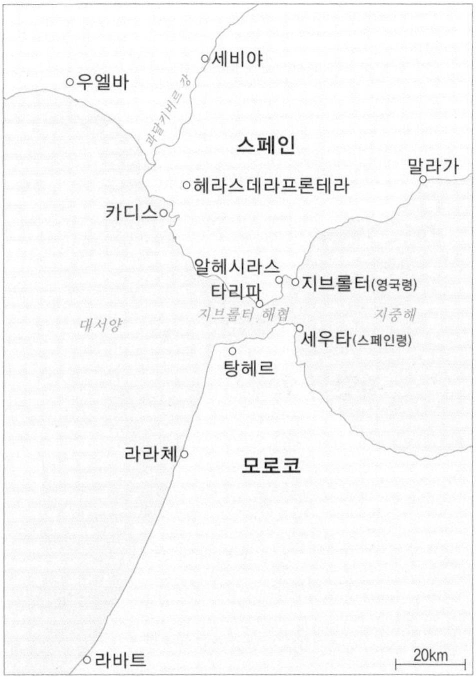

『연금술사』의 배경이 되는 지브롤터 해협

바람에겐 여러 가지 이름이 있었다. 그곳에서는 바람을 시로코라고 불렀는데, 아랍인들은 바람이 흑인들이 거주하는 습한 대지로부터 불어온다고 믿었던 것이다. 청년이 떠나온 머나먼 고장에서는 바람을 레반터라고 불렀다. 바람이 사막의 모래와, 무어족의 전장에서 울려 퍼지는 비명 소리를 실어 온다고 믿었기 때문이다.

시로코는 봄가을에 사하라 기단이 확장하면서 유럽으로 옮겨 가는, 덥고 습하며 먼지가 많이 포함된 남동풍이다. 시로코가 불어오면 인체의 피부에

6 사라센은 원래 로마 제국 말기에 시나이 반도에 사는 유목민을 가리키는 말이었다. 7세기 이슬람교가 성립된 이후로는 이슬람교도들을 가리키는 말로 사용되고 있다.

7 711년 이베리아 반도를 정복한 아랍계 혹은 베르베르족의 이슬람교도들이다. 사하라 사막 서부의 모리타니로부터 모로코에 걸쳐 살며 유목 생활을 한다.

서 증발이 심해지므로, 목이 마르고 물을 마시지 않으면 견딜 수 없게 되는데, 어린이들은 피부에서 지나치게 증발이 일어나 열병으로 사망하기도 한다. 여기서는 언급되지 않았지만, 이 지역의 바람으로는 안달루시아 지역에 여름의 무더위를 가져다 주는 솔라노, 안달루시아 동부의 레베체 등도 있다. 작가는 바람을 통해 바람이 불어오는 지역의 역사와 지리를 보여 주고, 주인공에게 동경을 느끼게 하고, 결국 꿈을 찾아 떠나게 만든다.

사막과 오아시스

사막의 어떤 곳은 모래로 덮여 있고, 또 어떤 곳은 돌로 이루어져 있었다. 모랫길을 가다가 돌이 있는 곳에 다다르면 피해서 돌아가야 했다. 어쩌다 큰 바위라도 만나게 되면 아주 멀리 돌아가기도 했다. (중략) 이따금은 땅에 소금이 덮여 있었다. 예전에 호수였던 곳이었다. (중략) 부옇게 인 모래 먼지가 사막의 태양을 가려버렸다.

사막에는 우리가 흔히 떠올리는 모래사막 외에에 자갈 사막이 있다. 풍화를 견딘 곳은 커다란 바위 상태이다. 보다 풍화에 잘 견딘 곳은 암석 구릉, 혹은 암석 산지를 이루고 있다. 거대한 산체나 산맥도 나타난다. 암석 사막이다. 과거 빙하 시대에는 사하라도 지금보다 기온이 낮고 강수량이 많아서 여러 낮은 함몰지에 호수가 형성되어 있었다. 이처럼 건조 지역에 비가 많이 내리던 다우기에 생긴 호수를 다우호多雨湖, pluvial lake라고 하는데, 현재는 물이 증발하여 소금 평원을 이루고 있다. 이곳에서는 사막의 소금이 채굴된다. 이런 지역은 미국, 중국, 오스트레일리아, 남미 등 세계 여러 곳에 널리 분포한다.

고운 모래일수록 바람에 쉽게 날린다. 이러한 모래는 바람에 실려 지중해를 건너 유럽까지도 날아간다. 모래 바람은 대상들을 괴롭히는 가장 위험한 사막의 자연 현상이다. 고대 역사지리학자 헤로도토스는 이집트 문명이 이처럼 사막의 위험함이 외침을 막아 주는 방패막이가 되어 발달해 왔다고 보았다. 소설의 다른 부분에서는 이 모래 바람을 시뭄이라고 부른다고 설명한다. 작가는 사막에 대한 설명에 많은 지면을 할애한다. 사막이 주는 두려움, 사막에서 느껴지는 아름다움, 그리고 사막에서의 삶도 그리고 있다.

"그는 파이윰의 오아시스에 산다네."

사하라 사막을 횡단할 대상들은 파이윰을 거쳐 갈 것이었다.

"파이윰은 바로 이집트에 있소."

그가 생각했던 오아시스는 -그가 읽은 이야기책에 따르면- 종려나무들에 둘러싸인 작은 연못이었는데, 지금 그가 실제로 보고 있는 오아시스는 스페인의 여느 마을보다도 훨씬 컸다. 그곳에는 300여 개의 우물과 5만 여 그루의 야자나무가 있고, 종려나무 숲 한가운데는 알록달록한 천막들이 흩뿌려진 듯

사막에 위치한 오아시스 도시, 파이윰

점점이 박혀 있었다.

이 소설에서는 이집트의 대표적인 오아시스 취락인 파이윰이 자세히 소개된다. 오아시스는 대상들이 쉬어 가는 곳으로 절실한 삶의 공간이면서, 낯선 이들에게는 동경의 장소이다. 주인공이 사랑을 알게 되는 장소이기도 하다. 주인공은 이곳에서 오아시스가 현실적인 삶의 공간임을 깨닫는다. 소설은 오아시스의 인구 구조, 사회 구조, 취락 구조, 야자수와 종려나무가 주를 이루는 농업 및 식생 구조 등을 잘 보여 준다. 지도상에 실존하는 사막이고, 그 실명이다. 오아시스는 대상들의 숙박지이며, 물의 공급원이다. 주기적으로 다니는 대상과 주민 간에는 상당한 수준의 협약이 존재한다. 오아시스에서는 무기를 내려놓고 전쟁을 하지 않는다. 불가피할 때는 인근 사막으로 이동하여 싸운다. 협약이고, 불문률이다. 오아시스가 망가지면 모두가 살아갈 수 없음을 알기 때문이다. 사막의 생활은 여성과 원로들에 의해 주도된다. 주민이 주로 여자와 어린이인 것은 남자들이 대상, 목축, 전투 등에 투입되기 때문이다. 소설에서도 남자들은 일정 기간 머물다 떠나며, 다시 돌아오는 것으로 묘사된다. 오아시스의 산업 구조가 단순한 야자수 농업과 대상의 숙박업 정도이기 때문인지도 모른다. 최근의 오아시스는 근대화가 많이 이루어져 소설 속의 모습과 다를지도 모른다.

어떤 때는 베일로 얼굴을 가린 정체 모를 사람들이 나타나기도 했다. 대상의 행로를 줄곧 지켜보던 그들은 사막에 사는 베두인족이었다. 그들은 강도 떼와 야만족에 대한 정보를 흘려주었다. 두 눈만 내놓고 검은색 젤라바로 온몸을 휘감은 그들은 그렇게 소리 없이 접근했다가 말 없이 가버렸다.

사막에 가장 잘 적응하여 살고 있는 베두인족[8]에 대한 설명이다. 베두인족은 사막의 경관을 설명하는 데 반드시 필요한 존재이다. 그들 자체가 사막 경관의 일부이기 때문이다. 그들은 강도떼와 야만족에 관한 정보를 왜 알려줬을까? 상업적인 이유가 있을까? 이들은 오아시스 농업인들과 대상들을 약탈로부터 보호해 주는 대가로 공납을 받아 세력을 확장했다. 서남아시아와 북아프리카에는 약 300만 명의 베두인족이 있다. 이들은 주로 목축을 했으나 최근 농경으로의 전환도 많이 이루어지고 있다. 이들은 또한 국가의 교육을 받아 도시로도 진출하고 있다. 이들의 독특한 의복 구조는 사막의 열사 방지, 모래 바람 방지, 한밤의 냉기 방지의 목적이 있다. 2012년 초 이집트의 시나이 반도로 선교를 떠난 한국인들이 베두인족에게 납치를 당했다가 풀려난 일이 있었다. 납치 동안 한국인에게 친절했다고 전해지는데 베두인족의 삶이 녹록치 않음을 알 수 있다.

도시의 성장과 쇠퇴

> 세우타 시가 탕헤르 시보다 더 커지면서 상거래의 흐름이 바뀌어 버린 것이다. 상인들은 대부분 다른 곳으로 옮겨 갔다. 그처럼 어쩌지 못하는 가게들만 남았다. 자연히 사람들의 발길이 뜸해졌다.

여기서 작가는 도시 간의 경쟁, 도시의 성장과 쇠퇴를 그리고 있다. 모로코의 탕헤르는 도진 취락으로서 크게 발달하였으나 인근에 스페인의 식민지인 세우타가 번성하면서 쇠퇴의 길을 걷게 되었다. 탕헤르에 대한 설명으로 미로형 도시 구조, 시장 구조, 도시민들의 생활 등이 나온다. 도심에 온 외국인들은 영국, 프랑스, 독일 등에서 온 상인, 군인, 학자들이며 상대적으로 부

---

8 시리아, 이란, 아라비아, 아프리카 북부의 건조 지대에서 유목 생활을 하는 아랍인이다. 수평 이동으로 유목을 하며, 우기에는 사막에서 생활하고 건기에는 물을 찾아 이동한다. 낙타는 이들의 교통수단이자 고기, 유제품을 제공해 주는 매우 유용한 동물이다.

항구 도시 세우타(좌)와 탕헤르(우)

유한 것으로 묘사된다. 학자로는 지리학자가 언급된다. 지리학자들이 순수한 학문적 성취 외에도 식민지 운영, 상업과 무역, 군사적 목적 등 다양한 국가적 이익을 위해서 여행을 많이 다니고 있음을 알 수 있다. 세우타는 지브롤터 해변의 아프리카 연안 모로코의 탕헤르 인근에 있으며, 식민지 시대에 스페인의 식민지가 된 이후 지금도 스페인령으로 남아 있다. 융성한 스페인과의 무역, 스페인으로 건너가고자 하는 아프리카인들의 중간 기착지로 이용되면서 발전하였다. 지금까지 이 지역은 모로코와 스페인의 영토 분쟁지로 남아 있다. 해협 건너 스페인의 지브롤터는 400년 전부터 영국의 식민지였으며, 스페인과 영국의 영토 분쟁이 있었으나, 최근 실시한 주민 투표 결과 지브롤터 주민들은 계속 영국 영토로 남기 바라는 것으로 나타났다.

나일 강과 고대 이집트 문명

나는 엘 카리룸 근처에 살았소. 내 소유의 밭, 그리고 자식들과 함께 죽는 날까지 변치 않고 살 줄 알았지. 풍년이 든 어느 해 우리는 모두 메카 순례에 나서기로 했소. 갑자기 땅이 흔들리기 시작하더니 나일 강이 범람하지 않겠소? 이웃 사람들은 홍수에 올리브 나무를 잃게 될까 두려워했고, 내 아내는

아스완 로우 댐

자식들이 물살에 떠내려갈까 정신이 없었소. 그리고 나는 내가 이룬 모든 것들이 물살에 파괴되는 것을 보고 몸을 떨었소.

나일 강의 범람과 삼각주의 형성 등 고대 이집트 문명과 관련된 내용이다. 나일 강에 인접한, 즉 범람원에 해당하는 곳은 농사가 잘 되지만 수몰의 위험이 있다. 하천에서 조금만 떨어지면 바로 사막 지형이 나타나 관개가 아니면 물을 공급받기 힘들다. 결국 이집트 정부는 인구 증가에 따른 식량 증산을 위해 범람을 막고, 용수 공급의 안정을 꾀하려는 의도로 아스완 댐을 건설했다. 이집트의 면화는 이러한 지역에서 자라며, 국가 전매제로서 재배된다. 아랍인들은 평생 한 번 이상 성지 순례에 나서는 것을 소망한다. 주인공이 동경하는 이집트 지역 역시 오랜 시간 동안 일상이 이어져 온 곳이다. 그러나 나일 강은 주인공에게 여전히 신비함을 주고 있다.

지리학은 인간과 자연 혹은 환경과의 관계, 장소와 지역에서의 삶, 지역적인 다양성, 인간에 미치는 자연과 인문환경 등을 연구하는 땅과 인간에 관한 학문이다. 문학은 인간과 관련이 있는 한 실존과 허구를 엮으면서 상상할 수 있는 모든 영역을 다루고 있다. 문학이 삶의 공간을 다루는 한 그 속에는 지리적 실체와 사상이 들어 있고, 지리에 대한 기록과 설명이 여러 가지 방식으로 녹아 있을 것이다.

문학 작품을 지리적으로만 해석하는 것은 지나치게 목적적이며, 문학적 상상력을 감퇴시킬지도 모를 일이다. 그러나 지리적 내용들을 음미하면서 소설을 읽는다면 새로운 재미와 진한 장면감을 느낄 수 있을 것이다.

에이하브 선장이 고래를 쫓듯 자료를 찾아 헤맨 열정으로 탄생한 『백경』

선원 생활로 얻은 경험과 박물학적 지식의 절묘한 조화

허먼 멜빌

허먼 멜빌Herman Melville, 1819~1891년의 소설 『백경Moby-Dick』은 전 세계 해양을 누비며 거대한 고래를 잡는 포경선 사람들의 활동 과정을 그린 것이다. 위대한 해양 소설로서 미국의 개척 정신과 청교도 정신생활 정신이 절묘하게 혼합되어 있는 것으로 평가된다. 『백경』은 엄청난 실제 자료들을 바탕으로 한다. 이러한 자료에 대한 설명과 난해한 바다에 대한 기술, 등장인물 개인의 강한 개성을 보여 주는 대화 등으로 당대에서는 주목을 받지 못하였다.

문장에 힘이 있지만 거칠다. 거친 문장은 시시때때로 거칠어지는 해양의 모습과 닮아 해양 소설에 잘 어울린다. 그러나 설명은 매우 상세하다. 멜빌의 해박함을 알 수 있다. 고래 자체에 대한 분석과 설명이 상세하여 이 소설을 읽고 나면 고래에 대한 많은 지식을 얻을 수 있다. 지나친 설명이 혹시 재미를 반감시키는 것은 아닌가 하는 생각이 들기도 한다. 소설은 이야기이고 재미가 있어야 한다는 것을 기본으로 한다면 그러한 생각도 든다. 그러나 끝까지 읽었을 때의 감동은 매우 진하다. 바다와 고래와 항구와 포경선, 그리고 선원들의 활동과 이야기들이 내내 머리에 그려진다.

멜빌의 생활은 전체적으로 그리 안정되지 못한 편이었다. 그는 5년 동안 포경선과 군함에서 선원 생활을 하면서 역경을 이기고, 세계를 보는 눈을 넓히면서 많은 자료를 얻을 수 있었다. 따라서 그의 소설은 직접적인 경험을 상당히 포함하고 있으며 학술적인 조사와 연구 등을 통해 얻은 자료도 소설 곳곳에 등장한다. 그는 경제적으로 안정되어 있을 때에는 학술 연구에 매진하였다. 또한 소설에는 많은 성경 구절이 인용되어 있고, 실제하는 구체적인 지역과 사물과 현실이 분석되어 있다.

『백경』은 고래잡이가 그 주제이므로 고래에 대한 설명에 많은 할애를 하고 있다. 그는 지리학, 역사학, 인류학, 고래학, 박물학동물 · 식물 · 광물 등 자연물의 종류 · 성질 · 분포 · 생태 등을 연구하는 학문 연구와 조사에 노력을 기울였다. 고래에 대한 문헌도 500년 이상의 과거의 것까지 추적하고 있다. 건축학과 미술도 언급되고 있다. 그 많은 박물학적 사실 언급에 대해서는 역대 어느 소설보다도 뛰어나다. 물론 이러한 사실에 대한 기술이 소설의 감흥에 도움을 많이 준다는 공식은 없다. 다만 『백경』의 특징 중 하나이며 이러한 사실적, 학문적 설명이 소설의 감흥을 더하지 않을까 생각된다.

이곳저곳을 누비며 알게 된 지리적 사실을 소설에 담다

백경에는 지리와 관련된 내용이 많이 나온다. 서구의 해양 개척은 지리상 발견의 일환이기 때문이다. 해양, 항해와 관련해 주요한 업적을 남긴 영국의 지리학자들퍼처스와 해클루트이 등장하고 다양한 지역에 대한 지형과 기후도 설명하고 있다. 안데스 산맥에서의 고도에 따른 기후의 변화도 설명하고 있다.

따지고 보면 배 위에서의 선원 생활은 위도에 따른 기후의 영향을 받는 것이다. 바다의 사실과 거리가 있다 하더라도 배경과 심리의 설명을 위하여 보다 많은 지리와 역사와 종교와 개인에 대해 서술하고 있다. 예를 들어서 오대호에 대한 설명이 상당히 길게 나오는데 오대호는 내륙에 위치한 민물 호수이지만 거대한 면적으로 바다와 유사한 많은 자연적, 인문적 요소들을 지니고 있음을 설파하고 있다. 소설에서는 이곳의 사람들을 호반인으로 부르고 있다. 또한 대화 중에서 이리 운하[9]의 공사에 참가한 사람들을 운하인으로 부른다. 약 580km에 달하는 운하 변의 다양한 지형 경관도시, 농촌, 습지, 하천 등도 설명하고 있다. 운하인에 대한 설명으로 난폭함, 자만감도 나온다. 당시 이리 운하 공사의 험악함을 보여 주고 있다.

그의 소설에는 지리적으로 수많은 지명과 지역이 나오고, 역사적인 내용도 배경으로 등장하고, 종교적인 내용들도 비유에 많이 사용되고 있다. 그의 소설에는 포경선으로 대표되는 개척 정신이 들어 있고, 많은 성경 구절들이 인용되면서 청교도 정신이 서로 엮여 있다. 멜빌은 서로 연관시키기 힘든 내용들이 스스로 관계를 가지도록 서술에서, 대화에서 보여 준다. 지리와 역사, 사회와 현실, 등장인물 개인의 특성에 대한 설명, 개인의 배경에 대한 설명을 성실하게 기록한다. 바다의 바람으로 인도양의 계절풍몬순, 남미의 팜페로[10], 아프리카의 건풍, 무역풍, 지중해 동풍레반터과 아라비아 열풍 등을 언급하고 있다. 또한 등장인물에 대한 격정적인 토로도 많이 보여 주고 있다. 종

9 길이 약 584km, 깊이 12m, 표면 너비 12m로 1827년에 완공되었다. 허드슨 강 연안의 올버니에서부터 출발하여 버펄로 부근에서 이리 호에 이른다. 운하의 건설로 대서양 연안의 뉴욕과 오대호가 주운으로 연결되어 세계적인 항구 도시로 성장하게 되었다. 또한 운하를 따라 시카고, 디트로이트 등의 중서부 도시들이 발달하였다. 그러나 1850년대부터 발달하기 시작한 철도 교통과 운영상의 부정 등으로 1882년에 이르러 그 기능이 정지되었으며, 1994년에는 모든 상업적 수송이 중단되었다. 현재는 관광, 여가를 위한 목적으로 이용된다.

10 아르헨티나의 라플라타 지방의 대초원 지대에 갑자기 부는 차가운 남풍이나 남서풍을 말한다. 비를 동반하지 않는 것은 팜페로 세코(pampero secco), 먼지를 날라오는 것은 팜페로 수시오(pampero sucio), 통과한 후에 시정이 좋아졌을 때는 팜페로 림피오(pampero limpio)라고 한다.

교의 근엄함, 개인의 격정적인 태도, 지리와 역사와 종교에 대한 사실적인 설명 등이 잘 혼합되지 않을 것 같으면서도 조화를 이루고 있다. 이러한 설명들은 실제로 항해하는 무료하고 긴 시간 동안 여러 선원들의 다양한 경험들을 서로 이야기하는 과정에서 얻은 정보도 포함할 것이다.

그는 고래를 추적하기 위한 노력을 지형 관찰을 위한 노력에 비유한다. 부분적인 그의 서술을 보면 고래를 거대한 지형 혹은 지형 관찰로 보기도 한다. 정확한 지형의 위치를 알기 위해서는 위도와 경도를 찾고 또한 전체 경관을 볼만한 조망점을 찾는다. 이는 바다의 거대하고 넓은 범위에서 활동하는 고래를 관찰하는 일과도 유사하다고 본 것이다. 고래의 모습에서 입이 갈라진 것을 보고 지진으로 바다가 갈라지는 곳에 있다가 그리 되었으리라고 비유적으로 설명하는 장면이 나온다. 당시에 이미 쓰나미에 대한 관찰과 기록이 있었던 것으로 보인다.

멜빌의 지형과 자연, 경관에 대한 관찰력과 통찰력, 그리고 기억과 기술과 자료 수집이 소설에 녹아 있는 것이다. 서술뿐만 아니라 대화에도 이를 녹여 넣고 있다. 직접적인 소설 전개를 위해 지리에 대한 언급이 나오기도 하지만 비유를 위한 설명으로도 지리가 언급된다. 자유분방하다. 그리고 미지의 세계에 대한 간절한 동경이 자료 획득과 그에 대한 기술에 기여한다. 그는 논문으로서가 아니라 그의 자유로운 감정이 들어 있는 소설의 형태로 그의 생각을 말하고 있다.

멜빌은 전 세계를 누리고자 하는 공간적인 자유를 갈망하는 것은 인간 개인의 욕망과 그를 위한 노력이 자유이기 때문이라고 말한다. 소설에서 대서양과 인도양, 태평양을 의도적으로 기술하고 있다. 포경선의 출발점도 당대의 최고의 포경선 항구인 뉴베드퍼드New Bedford를 마다하고 동쪽의 스러져가는 포경선 항구인 낸터컷Nantucket으로 잡았다. 소설에서 낸터컷 섬에 대하여 하나의 장을 할애하여 자세하게 지리적으로 설명을 하고 있다. 그는 낸터

한적한 항구 도시 낸터컷

컷 섬과 항구에 대하여 무한한 애정을 보인다. 소설의 중간 중간에 낸터컷에 대한 사랑을 적어 두고 있다. 그리고 포경선원의 선발에서 뉴잉글랜드의 대표로서 마서스비니어드Martha's Vineyard와 코드 곶Cape Cod과 함께 낸터컷 출신들을 최고로 보고 있다. 대사의 곳곳에서 자연스럽게 이를 언급하고 있다. 마서스비니어드 섬은 작가 멜빌이 선원으로 근무할 때 그 배의 선주의 출신지이기도 하다. 이곳들은 미국 포경선들의 최대의 근거지였다.

그의 자유로움은 소설의 전개에서도 알 수 있다. 제목이 붙은 무려 135장과 결론이 있고, 고래에 대한 연구, 소설, 시, 성경에 대한 기존 문헌을 발췌하여 문헌의 장으로 앞 쪽에 따로 달고 있다. 엄청난 양이다. 심지어는 고래의 어원에 대하여 지리학자 해클루트와 웹스터 사전과 리처드슨 사전, 그리고 히브리어, 라틴어를 비롯하여 13가지의 언어를 동원하며 비교하고 있다. 육지에 비하여 무한한 이동의 자유, 변화무쌍한 환경의 변화, 그에 적응해야 하는 선박과 선박에서의 생활은 미지와 개척, 도전 등이 어우러지면서 소설은 격정을 보여 주고 있다. 소설의 끝은 비극적이다. 백경과의 사투 끝에 주인공과 선원 대부분이 죽고 배도 파괴된다.

『백경』에서 멜빌의 해박함, 절박감, 박진감, 감수성, 감동성, 다감함, 비감함 등을 엿볼 수 있다. 오래된 소설이지만, 당대에서 주목을 받지 못하다가 멜빌 사망 후에 인정을 받았듯이 다시 이 소설을 들여다본다면 많은 교훈을 얻을 것이다.

『백경』이 쓰여질 당시에는 고래 잡는 일이 최선이었다. 고래의 멸종과 같은 우려는 없었다. 미국과 함께 영국, 프랑스, 노르웨이, 일본 등이 부지런히 고래를 잡았고, 고래의 수가 급감했다. 급기야는 '포경 금지 조약'이 맺어지고 연구용 외에는 고래를 잡지 못하도록 했다. 그러나 여전히 일본은 실험용으로 많은 고래를 잡고 있다. 최근 우리나라 동해에도 다시 고래가 나타나고 있다. 동해는 고래의 서식지였다. 고래잡이 기지로도 유명한 울산의 반구대에는 선사 시대 사람들이 그린 고래 그림이 남아 있다.

바다를 표류하다 우연히 닿은 곳에 어마어마한 물길이 있었다 『표해록』

『표해록』과 중국의 대운하

금남錦南 최부崔溥, 1454~1504년 선생의 『표해록』漂海錄, 최기홍 역, 1997은 제주도에서 나주로 향하던 중 풍랑을 만나 표류한 끝에 중국 저장 성浙江省에 닿은 뒤 다시 여기서부터 베이징北京까지 운하를 통해 이동하면서 관찰한 중국의 운하 혹은 하운에 대한 내용을 자세히 다루고 있다. 중국의 해안, 하천, 도시, 운하와 같은 자연지리적 내용과 인문지리적인 내용이 상세하게 기록되어 있다. 그는 징항京杭 운하공식 명칭은 대운하이나, 황허 강의 베이징과 양쯔 강의 항저우(杭州)를 연결하

『표해록』

여 징항 운하로도 불리며, 길이는 약 1500km이다가 개통된 후에 이 운하를 거친 최초의 조선인이었다.

중국의 대운하를 연구하는 중국과 일본의 학자들도 최부 선생의 글을 자세히 분석하고 인용한다. 이를 번역한 최기홍 선생은 최부 선생의 후손이다. 중국 교수의 글에 따르면 조선 시대만 해도 『표해록』은 5차례나 발간되었다고 한다. 다음은 『표해록』 중에서 운하, 특히 운하의 구조와 수운과 관련된 시설이나 관리에 관한 기록 일부이다.

강의 북쪽 기슭에 파土壩가 설치되어 있는데, 파는 배를 위로 끌어올리는 시설이다. 파의 북쪽은 뚝을 쌓고 강을 팠는데 거기에는 나룻배가 줄지어 정박해 있었다1488년, 윤 1월 29일.

(중략)

어느 파에 도착하였는데 (중략) 배를 위로 끌어올려 파를 넘은 다음 강 위쪽으로 거슬러 올라갔는데 (중략) 2월 2일.

(중략)

경구갑京口閘을 지나 통진체운소通津遞運所에 도착하였으나, 통진은 물이 얕아서 만조가 되어야만 큰 강으로 나갈 수 있기 때문에 (중략) 양자강이라고 했다. (중략) 서는 한수漢水에 접하고, 북쪽은 회수淮水와 사수泗水에 닿고, 남은 복건성과 절강성에 닿아서, 그야말로 사방으로 통하지 않는 곳이 없었다2월 21일.

(중략)

아침에 양주부성을 지났는데 (중략) 강의 왼쪽에 있는 시가지는 10리 주렴珠簾, 24개의 다리, 36군데의 저수지 등이 있어 (중략) 두 개의 갑閘을 지나 소백역邵伯驛에 도착하였다. (중략) 그 사람은 폭풍을 만나 양주굴항채楊洲掘港寨에 포착하였소2월 23일.

(중략)

서주를 지나다 (중략) 그 둑이 돌로 매우 튼튼하게 만들어져 (중략) 기초를 단단히 쌓은 다음 돌을 깔고 쇠못을 단단하고 박고는 빈틈없이 석회를 바르는 등 보수를 하였기에 (중략) 3월 3일.

(중략)

유성진을 지나다 (중략) 과주에서 동쪽을, 의진에서 서쪽으로 둑을 만들어 물이 헛되이 양자강으로 흘러나가 버리지 않도록 하였다. 기존의 운하를 이용하는 한편, 수로를 파서 그 물길을 돌려 강을 만들었다. 그리하여 모두 양자강에서 만나게 하였다. (중략) 서주의 북쪽 황가촌 동쪽에 있는 산에서 내려오는 물줄기는 남쪽으로 흘러 수문으로 들어가는데, 그 물살이 급한데다 소용돌이가 심해 강바닥에 토사가 쌓여 배가 (중략) 어려움에 처하고 (중략) 상소문을 올렸는 바 (중략) 수문을 설치하고 수로를 만들고 관리로 하여금 살피도록 (중략) 환난이 없어지게 되었다 (중략) 수문을 열고 인부를 시켜 우리 배를 위로 끌어 올려 지나갈 수 있도록 하였다3월 5일.

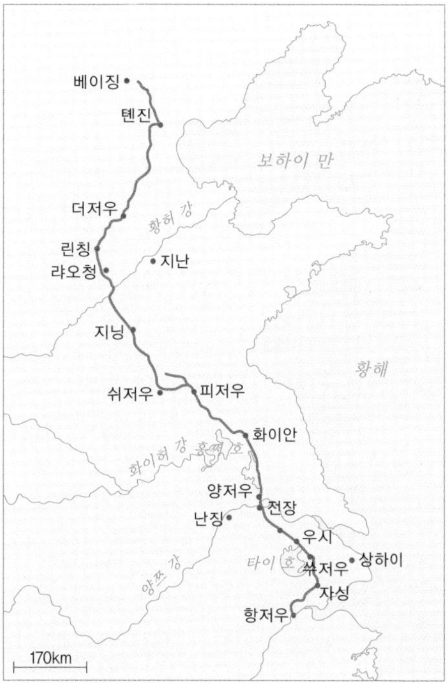

중국의 대운하 물길

(중략)

제령주에 도착하다 (중략) 갑에서 서쪽으로 가려면 강을 거슬러 올라가야 되며, 월하 위로 가려면 배를 끌고 가는 어려움이 따랐다. 그리하여 두 강의 어귀에 이 수문을 설치하여 물이 많고 적음에 따라 열거나 닫도록 하였다3월 9일.

개하역에 도착하다 (중략) 서쪽으로 분수갑分水閘을 지나 (중략) 호수에는 돌로 긴 둑을 쌓았는데 관언官堰이라 하였다. (중략) 두 강물이 갈라지는 지점에 있기 때문에 분수라는 이름이 붙었다3월 10일.

이 책의 마지막 부분에서 최부 선생은 다시 전체 내용을 요약하는 형식으로 양쯔 강을 비롯한 여러 하천과 호소에 대한 지형, 교통, 도시, 군사 시설, 운하 시설, 생활 모습 등을 상세히 설명하고 있다. 특히 조선에는 없던 운하에 관련된 시설에 대해서는 구체적인 용어와 건설 과정도 설명하였다.

회하淮河 이남은 호수와 늪, 습지가 많았으며, 그 이북은 구릉이 많고 운하의 바닥이 수륙으로 변천되었다 할 수 있다.

무성현 이북은 진흙과 모래가 많고, 장로 같은 데는 소금기가 많은 땅으로 (중략) 파는, 두개의 물길 안팎에 둑을 쌓고 그 둑 위에 두 개의 돌기둥을 세운 다음 (중략) 큰 구멍을 내어서 나무 기둥을 박고 (중략) 밧줄을 나무 기둥에 칭칭 얽어매서 배를 위로 끌어올리고 내릴 수 있도록 해 놓은 곳이다. 올릴 때는 작업이 어렵고, 내릴 때는 절로 내려 가게 되어 쉬웠다.

(중략)

갑은, 두 강 언덕에 돌로 제방을 쌓아 놓고는, 그 안에 배 한 척만 통과할 수 있게 (중략) 넓은 판자로 강물을 막고 저수하기도 하며 판자는 물의 얕고 깊음에 따라 조절할 수 있게 (중략) 제방 위에는 나무다리를 설치하여 (중략) 오갈 수 있도록 (중략) 배가 들어오면 그 다리를 치우되. (중략) 배가 지나 간 다음에는 원상태로 돌아오도록 (중략)

학문에 밝고 기록 정신이 투철한 최부 선생은 중국의 운하를 보고 그 규모와 뛰어난 시설에 놀랐을 것이다. 그리고 깊이 각인이 되었을 것이다. 중원을 차지하는 그 엄청난 평야에 펼쳐진 크고 작은 하천망들, 흘러넘치는 엄청난 물을 보았을 것이다. 본능적으로 운하가 만들어지는 중국을 보고 중국의 운하를 기억하고 기록하였다사실은 보고 느낀 것 모두를 기록하고 있다. 최부 선생은 홍문관[11] 교리로서 조선 시대 최고의 관찬 지리지인 『동국여지승람』의 편찬에도 참가하였다. 지리 기록과 기술에 이미 경험이 있었던 것이다.

『표해록』은 해양 문학, 기행문, 중국 지리와 역사서 모두에서 뛰어난 작품이다. 최부 선생은 뛰어난 기억력과 기록 정신으로 당시 중국 운하의 지리를 기술하고 있다. 무릇 현대 지리학자의 한 사람으로서 최부 선생의 기록 정신을 본받아야 함을 절실히 느낀다.

운하의 개념

근본적으로 운하는 인공적으로 조성된 뱃길을 말한다. 운하는 인공적으로 연결한 부분만 이르기도 하고 연결된 자연 하천을 모두 포함하여 이르기도 한다. 개념적으로는 해양과 해양, 해양과 하천, 호수와 하천, 하천과 하천 등 서로 다른 유역이나 수체water body를 인공적인 방법으로 물길로 연결한 것이다. 운하를 뜻하는 영어의 커낼canal은 물길을 연결시킨다는 뜻이고 한자의 운하運河는 하천 유로를 따라 사람과 물자를 배로 운행한다는 뜻이다. 커낼은 물길을 연결시킨다는 의미를 가지고 있으나 역시 뱃길을 주로 말하고, 운하도 인공적으로 뱃길을 열거나 개선한다는 의미가 들어 있다고 본다. 운하는 전 세계적으로 수천 년의 역사를 지니고 있으며, 세계의 많은 운하들이 운송 수단의 한 방법으로 경제적으로 효율성 있게 사용되어 왔으며, 경제성이나 효율성이 떨어지거나 퇴적 등 자연 현상에 의해 막히거나 훼손이 되면 사용이 중지되었다. 운하는 자연지리적인 조건과 인문지리적인 조건이 합당할 때 최대의 효과를 발휘하는 것이다.

기존의 하천을 준설하거나, 인공적으로 새로운 물길을 만들거나 하천 물

11 조선 시대에 궁중 서고를 관리하고, 문헌의 처리 및 왕의 자문에 응하는 일을 맡아 보던 관청이다. 홍문관 교리는 정5품 관직으로 정원은 2명이었다.

길을 연결하는 등 선박 운항이 가능하도록 만드는 것을 운하화canalization라고 한다. 물론 호수와 해양을 연결할 때도 운하화라고 할 수 있다. 운하가 되기 위해서는 충분한 수량유량이 많고 유황계수[12]가 적을수록 유리이 있어야 하고, 항로의 경사도가 완만해야하고, 선박이 다닐 수 있도록 적절한 폭유럽 내륙 바지선은 50m 정도 폭이상이어야 하고, 흘수선을 넘는 수심이 있어야 하고5~16m, 곡선부의 반지름이 어느 정도 확보유럽의 경우 최하 500m이며 대형일 경우에는 1000m까지 요구되어 비교적 직선에 가까운 항로가 되어야 한다. 이를 위해 필요시에는 갑문, 운하 댐, 운하교canal bridge, 운하 터널, 운하 리프트 혹은 운하 엘리베이터, 운하 인클라인canal incline 등의 시설이 요구된다. 운하는 용도상 외양선 운하와 내륙 운하로 나눌 수 있고, 기능상으로 갑문이 필요한 이수위異水位 운하와 경사가 완만하여 갑문과 갑실이 필요 없는 무갑無閘운하가 있다이원환 1999, 재인용. 유역을 물길로 연결하기 어려울 때에는 육로로 배를 이동시켜서 다른 유역으로 이동하는 경우도 있다.

운하는 계획과 건설에서 끝나는 것이 아니라 지속적으로 관리하고 유지해야 한다. 그것은 건조하고 단단한 구조물로 이루어져서 관리상에 큰 문제가 없는 육상 교통로나 공항 건설 외에 하늘에 따로 구조물을 설치할 필요가 없는 항공 운송로와는 달리 흐름의 특성을 지니고, 수위 변동이 심하며, 육상 운송과의 연결성도 고려해야 하기 때문이다. 또한 운하가 설치되는 하천들은 교통로로만 이용되는 육상 교통로의 도로와는 달리 다양한 생물들의 서식지이기도 하고, 수자원의 공급처이기도 하는 등 다양한 기능을 해야 하기 때문이다. 운하는 선박을 운행해야 하므로 충분한 운하 유지수, 통행에 필요한 최소한의 폭과 깊이가 자연조건이며, 경제성과 같은 인문조건도 고려해야 한다.

---

12 하천 수량의 변화 상태 차이를 말하는 것으로 홍수량의 대표치로서 연중 10일 지속되는 유량(Q_{10})과 갈수량의 대표치로 연중 355일 지속되는 유량(Q_{355})의 비로 나타낸다(유황계수=Q_{10}/Q_{355}).

대운하를 항행하는 배들

최근의 중국 대운하

최근 중국 정부는 중국 대운하 개선 사업을 발표했다. 대운하의 초기 공사는 진·한 시대까지 올라가지만 기존의 운하들을 연결하여 남북을 잇는 공사는 605년 수나라 때 이루어졌다. 이 공사는 수양제의 지시로 6년 만에 완공되었으며 총연장 1764km로 베이징–톈진–허베이–산둥–장쑤–저장 등 6개 성, 시를 지나며 황허 강과 양쯔 강을 연결한다. 대운하는 1000년 정도 사용되어 오다가 운하가 메워지거나 절단되어서 북쪽의 881km 수로는 사용되지 못하고 남쪽의 883km 구간만 사용되고 있다. 그러나 이마저도 물길이 좁아지거나 수송량이 늘어나 체증이 심화되고 있는 상태이다. 이번에 전체 구간을 다시 정비하고 완전히 연결한다는 계획이다.

북쪽 구간이 메워지거나 부분적으로 끊긴 이유는 아마도 많은 토사 유출과 준설 등 관리 소홀 등으로 보인다. 남쪽 구간도 문제는 있었으나 그래도 사용되고 있는 것은 퇴적물 유입이 적고, 유량이 풍부하고 원래의 물길이 많이 있었기 때문으로 보인다. 그러나 부분적으로 양쯔 강 지역도 매립이 계속되고 있다. 그 유명한 둥팅 호도 토사 매립으로 50년 새에 절반 크기로 줄어 이대로 간다면 100년 후에는 사라질 것으로 우려되고 있다. 중국 대운하는 유네스코 세계문화유산으로 등재되어 있다.

지리 정보를 모으고 정리하는 사람, 『어린 왕자』 속 지리학자

GIS와 어린 왕자

GIS는 이제 전문가들의 영역에서뿐만 아니라 일반인들도 사용하는 보편적인 수단이고 주제가 되어 가고 있다. GIS는 Geographical Information System의 약자로 우리말로는 지리정보체계이다. GIS가 학문적으로 발전하여 System을 Science로 바꾸어 부르기도 한다. '지리정보과학'이라는 것이다. GIS의 예를 간단히 들면 서울시의 도로망, 수도망, 통신망 등을 지도화하여 관리의 자동화를 도모하기도 하고 각급 학교의 분포도, 병원의 분포도 등을 만들어 필요한 지리 정보를 한눈에 볼 수 있게 해 준다. 모든 공간 상의 상황을 지도화하는 것이다. 이를 바탕으로 GPSGlobal Positioning System, 위치추적체계와 연계시키면 내비게이션처럼 우리가 원하는 곳을 쉽게 찾아 갈 수 있다. 이제는 작은 음식점까지도 추적이 가능하다. 찾기가 쉬워지니 불편함은 훨씬 덜하지만 신비감이 사라지는 단점도 있는 것 같다. 그러나 모르는 길을 가거나 어두운 밤이나 날씨가 나쁠 때 좋은 길잡이가 되는 것은 틀림없다.

세계에서 가장 많이 읽히고 있는 아름다운 동화 혹은 동화 소설의 하나인

소행성 B612에 서 있는 어린 왕자

『어린 왕자』는 프랑스의 생텍쥐페리Antoine Marie Roger De Saint Exupery, 1900~1944년가 1943년에 쓴 것이다. 그는 비행사였고, 비행사로는 늦은 나이에 공군으로 제2차 세계대전에 참전하였다가 비행 중에 불시착하여 사망하였다. 그가 불시착한 곳은 전설처럼 아직도 의문에 쌓여 있다. 그의 소설은 비행과 관련된 것이 많다. 그의 대표작인『인간의 대지』,『야간 비행』,『남방 우편기』,『전투 조종사』등이 그러하다.

어린 왕자는 여러 별을 다니면서 많은 지리를 경험하고 그 별에 살고 있는 다양한 사람들을 만난다. 그리고 지리 지식과 정보를 얻는다. 어린 왕자는 많은 별들과 지구의 여러 곳을 보면서 그가 상상하고 동경한 것과 다른 세상과 어른들을 경험하기도 한다. 그래도 어린 왕자는 세상과 어른특히 남자들을 향하여 순수한 마음과 사랑과 진정한 아름다움을 이야기한다. 순수한 마음과 꿈과 희망을 지닌 주인공 어린 왕자에게 비친 어른들의 모습은 오늘날에도 여전히 존재하는 어른들의 모습과 크게 다르지 않다. 그런데 놀라운 것은 어린 왕자는 참으로 지리 정보에 관심이 많다는 것이다. 더욱이 그 정보들을 모으고 정리하기도 한다. 어린 왕자는 GIS 전문가였던 것이다. GIS를 통하여 세상을 이해하고 사랑과 동경을 알리고자 했던 것이다.

어린 왕자, 7개의 행성을 탐험한 지리학자

『어린 왕자』에서 이야기를 해 주는 이, 즉 화자話者는 사하라 사막에 불시착한 비행사로 사막에서 어린 왕자를 만난다. 화자는 곧 작가 생텍쥐페리 자신이기도 하다. 그는 비행사로 여러 나라를 다니면서 하늘에서 바라다본 지표면의 아름다움을 동경하고 보다 상세한 지리 정보를 얻고자 하는 욕구가 있었다. 생텍쥐페리에 따르면 당시로서는 지표에 대한 정확한 지리적 정보가 실제로 안전한 비행에 도움이 되었다고 한다. 작가의 모습이 투영된 화자 역시 지리 정보와 GIS에 관심이 많다. 이 비행사는 결국, 여러 별들을 여행한 뒤 지구를 방문한 어린 왕자를 만나서 친해졌고 뜻밖에도 어린 왕자가 지구 외의 여러 별들에서 겪은 이야기를 듣게 된다. 비행사는 어린 왕자가 이야기하는 꽃과 나무를 통하여, 휴화산과 사화산을 등을 통하여 그를 조금씩 알아간다. 어린 왕자는 비행사에게 자신이 겪은 여러 별들의 인문지리와 자연지리를 들려준다.

어린 왕자가 방문한 첫 번째 별은 '신하가 없는 왕'의 별이다. 왕은 오로지 명령만 내린다. 두 번째 별에서는 허영심 많은 사람을 만나고, 그 다음 별에서는 술꾼을 만난다. 네 번째 별은 매우 바쁜 사업가의 별이다. 다섯 번째 별의 크기는 매우 작지만 자기 할 일을 묵묵히 하는 아저씨가 살고 있다. 어린 왕자는 그동안 만난 어른 중에서 그 아저씨가 가장 마음에 들었다. 그러나 두 사람이 살기에는 별이 너무 좁았다.

여섯 번째 별은 매우 큰 별로서 엄청나게 큰 책을 쓰고 있는 늙은 지리학자가 살고 있었다. 그는 오로지 책상에 앉아서 지리책을 쓰고 있다. 그는 여러 곳을 다니면서 조사를 하고 기록을 한 많은 탐험가들로부터 여러 지역과 장소에 대한 설명을 듣고 책을 쓴다. 지리학자는 어린 왕자를 처음 보았을 때 그를 탐험가로 알았다. 사실 어린 왕자도 이미 5개의 별을 다니면서 많은 경험을 했기 때문에 탐험가이자 지리학자라고 해도 별로 문제될 것은 없었다. 지리학자는 자기가 살고 있는 별에서 다른 별에 대한 지리 정보를 최선을 다하여 모으고 정리하는 것이다. 그는 우주에서 최고의 GIS 전문가이고 마니아인 것이다. 만나는 사람마다 그 사람이 다닌 곳의 지리 정보를 묻고 정리하여 책을 쓴다. 우주 지리책이고 우주 GIS 책이다.

어린 왕자가 묻는다. "지리학이 뭔데요?" 늙은 지리학자는 "지리학자란 바다, 강, 도시, 산, 그리고 사막이 어디 있는지 알고 있는 학자란다."라고 답한다. 어린 왕자는 지리학은 재미있고 지리학자는 훌륭한 직업이라고 말한다. 어린 왕자가 지리학자의 별에 바다와 산과 도시, 강과 사막이 어디에 있는지 묻지만 지리학자는 모른다고 한다. 그는 직접 가 본 곳이 없기 때문이다. 지리학자인 그에 따르면 지리학자는 다니는 사람이 아니라 탐험가의 기억을 기록하는 사람이라고 한다. 그가 말한 지리학자는 지도학자이고 GIS 지리학자에 가까웠다. 따라서 지리학자는 그가 만난 탐험가들의 진정성을 먼저 조사한다. 탐험가의 기억이 정확해야 하므로 그의 정신 상태가 온전한지, 거짓말을 하는지, 술에 취해 있는지 아는 것이 중요하다고 말한다. 그가 만난 사람이 훌륭한 탐험가라고 생각되면 열심히 그를 조사하여 공책에 연필로 기록한다. 더 필요하면 증거를 가져오라고 말한다. 그는 답사와 조사를 할 수 없거나 회피하지만 기록 정신만은 투철하다. 그 지리학자는 또 꽃은 일시적이기 때문에 기록하지 않는다고 말한다. 지리책이 소중한 것은 유행을 타지 않기 때문인데, 산과 바다와 같이 영원히 그대로 있는 것을 기록한다고 설명한다. 지리학자는 가보지 않았지만 그동안에 모은 지리 지식을 활용하여 어린 왕자에게 좋은 지리 정보를 준다. 그것은 다음 방문지로 '상당히 평판이 좋은 별'인 지구를 추천한 것이다. 지리학자의 권고로 어린 왕자는 일곱 번째의 별인 지구로 갔고 화자인 비행사를 만나게 된다.

어린 왕자는 그동안 그가 경험하고 조사한 지구의 지리 정보를 다음과 같이 설명한다.

111명의 왕과 7000명의 지리학자와 90만 명의 사업가, 그리고 750만 명의 술꾼, 3억 1100만 명의 허영심 가득 찬 사람들을 포함하여 20억 명쯤의 어른

이 살고 있다. 그리고 46만 2511명의 가로등 지기가 있고, 지구가 돌고 있기 때문에 대륙별 순서로 가로등이 켜진다. 북극과 남극에는 단 하나의 가로등이 있고, 이곳의 가로등 지기는 일 년에 두 번만 일한다. 6개월 동안의 밤에는 불을 켜고, 6개월의 낮이 오면 끄는 것이다.

그리고 어린 왕자는 사막과 높은 산, 사람의 길, 장미꽃밭을 답사하고, 여우와 기관사, 상인 등도 만난다. 그는 자연지리와 인문지리에 대한 지식들을 참으로 열심히 모았다. 아직 이 지구에는 어린 왕자 외에 7개의 별을 탐험하고 그 별들의 지리 정보를 모은 사람은 없다.

소설에 지리 정보를 담고자 한 생텍쥐페리

우리는『어린 왕자』에서 3명의 GIS의 전문가를 만난다. 그 셋은 어린 왕자와 늙은 지리학자와 사막에 불시착한 비행사이다. 생텍쥐페리는 수많은 비행을 통하여 지표를 보고 산과 사막과 바다, 숲과 농경지를 보면서 그것들을 지도화하려는 마음을 먹는다. 그는 지표면의 아름다움과 땅에 살고 있는 사람들의 상상과 동경까지도 지도에 담고 싶어 했다. 그는『어린 왕자』에서 늙은 지리학자와 어린 왕자를 GIS 전문가로 만들어서 여러 별들의 정보들을 정확하게 전하도록 했다. 그는 어린 왕자를 통하여 아름다운 지구에서의 상상과 동경까지도 GIS 지도에 담도록 했던 것이다.

현재 지리학자와 공학자들이 만들고 있는 GIS 지도는 지표면의 지리 정보를 과학적으로 정리한 것이다. 어린 왕자를 만나고 나면 혹시 딱딱할지도 모르는 이러한 지도들이 아름답게 느껴질 수도 있을 것이다. 이미『어린 왕자』를 읽었다고 하더라도 'GIS『어린 왕자』'로 다시 한 번 읽어 보길 권한다. GIS 전문가들이『어린 왕자』를 읽는다면 그 꼼꼼한 작업을 하면서 가끔 오는 권태도 쫓고, 보다 나은 GIS 지도를 위한 상상력을 얻을 수 있을지도 모른다.

비행기 조종사와 하늘, 그리고 사막 『인간의 대지』

하늘과 사막을 사랑한 비행기 조종사

생텍쥐페리의 소설은 특이하게도 지리에 대한 경험과 상상이 섞여 있다. 앞서 이야기한 소설 『어린 왕자』와 지금 이야기하고자 하는 『인간의 대지』가 특히 그러하다. 그의 소설은 동화적이다. 그가 바라본 지리학자들 또한 조금은 동화적이다. 그는 평생 비행사로서, 소설가로서, 사막의 여행자로서 상상으로의 일상을 꿈꾸면서 44세 나이에 지중해의 어딘가로 사라졌다. 그의 사라짐도 동화가 되어 이제는 전설이 되었다.

생텍쥐페리는 1938년 소설 『인간의 대지』를 출간한다. 이 소설의 또 다른 제목인 『바람과 모래와 별들』은 사막을 의미한다. 그는 비행기에서 추락하여 머리를 다치고, 병원에서 수술을 받았으며, 병상에서 이 소설을 썼다. 이를 번역한 양해운은 '작가는 자신의 경험과 동료들의 경험을 사실 그대로 증언하고 있다.'고 밝혔다. 『우연한 여행자』, 양해윤 역, 2007, 세시. 바람과 모래와 별들은 사막에서 가장 흔히 볼 수 있는 것들이다. 사막의 맑은 밤은 별로 가득하다. 그의 사막은 광대한 사하라 사막이다. 그는 사하라 사막에서 때로는 리비아 사막을 구분한다.

생텍쥐페리는 비행과 사막을 좋아했다. 그의 소설『남방 우편기』의 주인공은 프랑스와 남미를 다니는 우편 항공기 조종사이다. 프랑스에서 남미로 가서 안데스 산맥을 넘어서 칠레로 간다. 프랑스를 출발하면 지중해를 건너 바로 리비아 사막과 사하라 사막이 나온다.

어린 왕자가 지구의 지리를 샅샅이 알고자 했듯이, 생텍쥐페리는 비행을 하면서 그 아래 대지에 펼쳐진 모든 것들을 알고자 했다. 그는 보이는 지리 뒤에 숨어 있는 것들을 보고 싶어 했다. 그리고 지표에 펼쳐진 여러 모습을 보면서 상상을 펼쳤다. 그리고 학창 시절의 모습을 여기에 엮어서 그리움을 말한다. 그의 소설에 등장하는 지역과 지명은 실제로 존재하는 것들이다. 그가 비행하면서 모두 내려다본 것들이다. 사실 비행기에서 내려다보면 지상의 거의 모든 것들이 아름답게 보인다.

인간의 대지 속 지리 이야기

그의 소설을 들여다 보자.

> 대지는 우리에게 그 어떤 책보다 더 많은 것을 가르쳐 준다. (중략) 대지에 마치 반짝이는 별들과 같이 여기저기 희미한 불빛들이 흩어져 있는 것이 보였다. (중략) 집안의 불빛은 책을 읽기 위해서 (중략) 다른 집안에서는 공간을 측정하기 위해서, (중략) 그 불빛들은 시인, 학교 선생, 광대, 목수 등 모든 사람들의 비밀을 간직하고 있다.
>
> (중략)
>
> "자네 지도에 꼭 표시해 두게."
>
> (중략)
>
> 그 후부터 내가 지니고 다니는 지도에는 시에라네바다 산맥보다도 이 세 그루의 오렌지나무가 더 크게 표시되어 있었다. (중략) 그는 또 롤카 시의 지형

생텍쥐페리가 불시착한 리비아 사막, 그는 이 사고를 바탕으로 『인간의 대지』를 쓰게 된다.

에 관해선 한마디도 하지 않고 그곳의 농가에 대해서 이야기를 해주었다. (중략) 우리는 이렇게 상상도 할 수 없는 먼 거리에서 지리학자들도 미처 발견하지 못한 것을 알아낸 것이다. 학자들의 관심은 큰 도시에 물을 대주고 있는 에브르 강에만 관심을 쏟았지, 서른 송이 정도의 꽃을 아름답게 피우고 있는 모트릴 지방 서쪽 숲 속의 개울이 그 강의 원천인 것에는 전혀 관심이 없었다.

(중략)

"그 개울이 비상착륙장으로 쓰이는 들판을 망쳐 놓는다네. 이것도 자네 지도에 자세히 표시해 두게."

(중략)

"자네는 그 숲 속에 아무것도 없는 줄 알지? 천만에야. 비행기 바퀴 밑으로 다투어 달려들 서른 마리의 양을 생각해 보게."

(중략)

이런 식으로 내 스페인 지도는 동화의 나라로 변해 가고 있었다. 나는 대피소와 위험 지역을 십자표로 알기 쉽게 표시했다. 물론 농가와 농부, 서른 마리의 양, 지리학자들은 알려고도 하지 않는 숲 속의 개울도 표시했고, 양치기 소녀의 자리도 표시해 두었다.

소설의 전반부이기는 하지만 지리학자인 필자가 보기에도 참으로 많은 지리학자와 지리학 관련 내용이 등장하고 있다. 어떻게 해석을 해야 할까? 생텍쥐페리는 학창 시절 지리 시간에 가 보지 못한 곳들에 대한 이야기를 들으며 동경했을 것이다. 상상력을 펼치면서 말이다. 보이는 지리 속에 숨어 있는 사람들의 삶과 그들의 생각까지도 상상을 하고 있는 것이다.

그는 비행사이다. 공식적으로 발간된 지도에 표시된 것 위에 안전한 비행을 위하여 비행 중에 발견한 주요 지형지물들을 표시한다. 아마도 당시의 비행사들의 관행이었을 것이다. 새로운 구조물이 들어서면 또 표시를 했을 것이다. 이렇게 다시 덧대어지는 지도는 실제 비행에서도 요긴했을 것이고, 애착이 가면서 상상력을 더하여, 보이지 않는 구조물과 집들과 농가에서 일어날 일들을 적는다. 그러나 이것은 상상만은 아니었을 것이다. 대지는 사람들이 살아가는 장소이고, 집과 집의 불빛과 거리와 거리의 가로등과 농경지와 키우는 양들과 울타리와 꽃밭들을 만들었으므로….

하늘로 사라진 생텍쥐페리

"당신들은 자신들의 무사안일 속에서 꽉 짜여진 규범을 지키며, '바람과 모래와 별들'을 막기 위한 초라한 성벽을 쌓았다. (중략) 자신의 안일에만 몰두했을 것이다."

그는 늘 반복되는 일상을 못 견뎌 했다. 직업이지만 비행은 모험이다. 사막의 불시착도, 생존도 비행의 한 부분일 것이다. 그는 결국 하늘에서 사라져서 종적을 감추었다. 그는 그의 일상 탈출, 학창 시절의 기억, 모험, 비행과 전쟁 등 모든 것을 소설로 남기고 있다. 그의 소설은 모두 동화와 상상으로 치장한 기록이다.

그는 '바람과 모래와 별들'뿐인 사막에 불시착하여 겨우 살아온다. 사막에서의 고통스러운 생존이 마력을 주는 것은 아닌지 모르겠다. 새로움에 도전하고 고통을 겪는 것도 마력일 것이다. 그는 이 소설에서 15년간의 경험을 8편의 에피소드로 적고 있다. 그는 상상의 경험이 아니라 경험의 상상을 보여주었다. 이 소설은 어린 시절로 우리를 유도한다.

중원이냐, 강남이냐 『수호전』의 지리적 배경

시대에 따른 수호전의 변화

『수호전水滸傳』은 『삼국지三國志』, 『서유기西遊記』, 『금병매金瓶梅』 등과 함께 중국 4대 기서奇書로 꼽히고 있다. 시내암施耐庵, 1296~1372년이 쓰고 나관중羅貫中; 삼국지연의 작자이 손질한 것으로 알려져 있지만, 송 대代 이래로 원·명 대에 걸쳐 발전하였기에 작가나 편저자에 대한 이설異說이 많다허우성, 1982. 수호水滸는 '물가'라는 뜻으로 『수호전』은 물가에서 일어난 이야기이고, 물가의 여러 시설 및 장소와 사건의 근거지로서 양산박梁山泊이 나온다. 양산박은 양산의 수변을 의미한다. 역사가 이야기의 중심이 된 소설에서는 소설 자체에서 다시 역사를 찾을 수 있다. 그 역사의 배경과 중심에는 지리적인 조건과 특성이 존재한다. 『수호전』은 중국의 하천을 중심으로 하는 지리적인 조건에 유난히 민감한 소설이다.

『수호전』은 당시의 사회상을 잘 반영하고 있어 역사학자들이 사료로 사용하기도 하며, 소설로서의 『수호전』이 역사적인 사실과 얼마나 간극이 있는가에 대한 연구도 다수 이루어졌다. 중국과 일본 등에서는 '수호전'으로 불리는데 유일하게 한국에서만 '수호지'로 불린다. 이는 18세기에 번역하여 들어오는 과정에서 그렇게 된 것이다미야자키, 1993. 말의 의미로만 볼 경우 '수호전'은 인물 중심이고, '수호지'는 줄거리역사와 지리 중심이며, '수호희水滸戲'는 희극본으로 만들어진 것인데 송·원·청 대에 이르면서 많은 극작가들이 각색하여 본들이 다양하여 200여 작품이 된다고 한다. 『수호전』과 『수호희』를 포함하여 '수호 문학'이라는 문학의 한 분야로 발전했다신지영, 2003.

『수호전』은 수령 송강宋江을 중심으로 108 협객들이 양산 산록의 호숫가에 산채를 만들어 양산박이라 일컫고 조정의 부패를 통탄하고 관료의 비행에 반항하여 민중의 갈채를 받게 되는 내용이다. 중심인물은 송강, 노지심魯智深, 무송武松, 임충林冲, 이규李逵, 양지楊志 등이다허우성, 1982. 양산박은 이름에서 보듯이 복잡한 하천과 호수 물길을 가진 곳에 배를 정박할 수 있는 그들만의 비밀 아지트이다.

송 대의 정사正史 기록에는 송 휘종徽宗 선화宣和 3년1121년에 "화이난淮南의 도적 송강 등 36명이 화이양淮陽 지방을 어지럽히므로 조정에서 토벌군을 보냈으나 그 세력이 커서 쉽사리 평정이 안 되고, 당시의 수도 동경東京; 카이펑(開封) 동쪽으로부터 양쯔 강 일대까지 휩쓸고 다녀, 마침내 주지사 장숙야張叔夜가 나서 이들을 귀순시켰다. 그 뒤 지금의 월남인베트남 사람 방납方臘이 중국을 침범해 오므로 조정에서는 이들을 보내 정벌시켜 크게 공을 세웠다."라고 되어 있다. 송 대에 있었던 이러한 역사적 대사건은 민간에서도 화제가 되고 남송의 설화인說話人; 전문적인 이야기꾼에 의해 전승되고 성장하였다. 그 뒤 원·명 대에 걸쳐 여러 형태의 문학으로 발전하였다서울대학교 동아문화연구소 편, 1981. 정사에서는 송강의 무리가 36명이며, 이들 개인에 초점을 맞춘 소설들도 나왔다. 그러나 원·명 대에 현재의 소설 『수호전』로 발전하면서 송강의 무리는 36명의 정확한 3배인 108명으로 늘어난다. 당연히 소설의 분량도 매우 늘어난다. 108은 108 번뇌처럼 불교와 연관이 많은 숫자이다. 불교의 영향이 있었던 듯하다. 소설은 108 귀왕魔王이 용호산龍虎山 복마전에서 밖으로 달아나는 것으로 시작한다.

『수호전』의 배경이 되는 당시 상황은 북송의 마지막 시대로 휘종徽宗의 실정 및 조정과 관리의 부패가 만연하여 일반 백성들의 삶이 궁핍하였고 도적 무리들이 횡행할 때였다. 그리하여 북송은 1126년 휘종 말년에 국정 실패, 재정 파탄 등으로 여진족이 세운 금金에게 망하게 된다. 아들 고종高宗은 금과 투쟁하였으나 남방으로 밀리게 되고, 금은 수도를 연경燕京; 현 베이징으로 이전하고 송은 남송이 되면서 수도를 카이펑에서 보다 남쪽의 항저우杭州로 이전한다. 모두 1135년에 일어난 일이다. 송은 금과 남북조 시대를 이루지만 느슨한 형태로 금에 대하여 칭신稱臣하여 신하의 나라가 된다.

『수호전』의 삽화

금은 남쪽으로 송을 계속 밀어붙여 항저우와 닝보寧波까지 도달하였으나 더 이상 가지 못하였다. 그 이유는 화이장淮江 강과 양쯔 강 유역의 수많은 하천과 운하들로 이루어진 복잡한 '물의 지리'로 인하여 기마병 중심의 군사로는 진군이 불가능했기 때문이다. 남송은 항저우를 중심으로 산업과 무역을 토대로 엄청난 발전을 한다. 전체적인 중국 역사에서 북송과 남송을 포함하여 송 대는 황금 시기로 알려져 있다.

진침陳執, 1615~1670년의 소설 『수호후전水湖后傳, 혹은 후수호전後水滸傳』은 양산박에 도피한 영웅들이 다시 모여 의기투합한 내용을 담고 있다. 인물 성격의 계승·발전, 남송 민족들의 모순 돌출, 현실 비판, 오월吳越의 무예를 숭상하는 잠재의식 등이 잘 드러난다김진영, 2005. 『수호전』은 남중국의 지리적인 조건이 강하게 반영된 '강남 문학'의 배경을 지닌다. 『수호전』에서 묘사된 민가와 방언의 연구에 따르면미야자키, 1993, 이는 남방 지역의 산물이며 아마도 항저우가 그 중심일 것으로 추정된다. 중국의 방언에 대한 지리언어학적 연구를 보면 언어 전파의 경향이 북방베이징, 시안(西安), 카이펑 등에서 장화이江淮; 화이장 강 중심의 화중 지역을 거쳐서 양쯔 강에 이르는데 이를 북방화라고 한다이와타 레이, 2009. 송대의 항저우와 쑤저우蘇州는 서역과 유럽으로 가는 비단길의 출발점이며, 오늘날 베이징까지 가는 운하의 출발점이자, 은둔과 도교의 강호江河湖海의 중심지, 그리고 발전하는 산업과 무역의 중심지라고 할 수 있는 곳이었다.

중국의 사대 기서는 『수호전』에서 보듯이, 사실로 존재했던 초기의 지리적인 조건과 사회적인 상황을 반영하지만, 여러 왕조를 통하여 발전하면서 당시의 조건에 맞게 새로운 지리적인 조건이 부여되고, 인물도 보완·가공되어 다양한 형태의 문학 장르로 발전하였다.

역사적 사실과 『수호전』의 무대

그는 허베이河北 성 칭허淸河 출신으로 이곳은 『수호전』의 무대와 무송이 살던 곳이다.박승준, 2006, 월간조선 2006년 1월호

신장新疆의 몽골 자치주에 소재한 보스텅博斯騰 호반 금사탄빈관金沙灘賓館에 도착했다. 금사탄은 『수호전』의 배경이 되는 양산박의 소재지이다. 길손에게 몽한약을 타먹이고 금품을 빼앗던 주귀朱貴의 금사탄 호수변 주점이 생각난다. 보스텅 호는 둘레가 1000km에 다하는 신장 지역 최대의 담수호이다.정순태, 2004

위의 글들은 『수호전』에 관해 우리나라에서 나오는 문헌의 극히 일부분이다. 첫 번째 글은 주한 중국대사 닝푸쿠이寧賦魁에 관한 인터뷰 기사로 무대와 무송이 살던 곳이라면, 닝푸쿠이의 고향이 『수호전』의 배경 무대인 허베이 성이라는 것이다. 두 인용을 보면 『수호전』의 주 무대가 되는 양산박의 규모

가 상당한 것임을 알 수 있다.

현재 가장 많이 읽히고 있는 『수호전』의 주요 무대는 황허 강의 하류로 되어 있다. 즉 허베이 성이다. 그러나 정사에서 송강의 활동 무대는 중원과 강남의 중간인 화이장 강 혹은 화이난에서부터 강남 혹은 양쯔 강 중하류를 지나 더욱 남쪽의 베트남과의 경계에까지 이르고 있다. 정사에서는 황허 강의 하류, 허베이 성은 포함되지 않는다. 북쪽의 금나라가 중국의 주축이 되면서 소설의 무대가 북쪽으로 옮겨간 것이 아닌가 추측된다. 사실 소설이므로 역사에 있었던 원래의 양산박이 허베이 성의 황허 강 지역이라고 하더라도 문제는 없다. 사실의 여부는 관심 있는 학자들의 소관이며 일반인들은 소설로서의 재미와 감동을 바라기 때문이다.

양산박이 황허 강 지역에 있다는 가정이 사실로 변모되고, 황허 강의 물길이 변하면서 약 300년 전에 최대 800리의 폭을 가진 양산박이 사라진 것으로 본다미야자키, 1993. 역사를 통하여 새로운 지리가 만들어지고, 역사지리적인 연구의 대상으로 변모하게 된 것이다. 양산박이 있었다는 지역은 『수호전』의 테마파크로 거듭나고 있다. 양산박은 지형적으로 호수와 하천이 연결되는 호안 또는 하안, 그리고 복잡한 수로, 갈대와 수변목들이 자라는 저습지와 모래톱 등으로 이루어진 듯하다. 황허 강은 화이허淮河 강과 같은 중원의 복잡한 여러 하천들과 호수들로 양쯔 강까지 연결된다. 그럼에도 황허 강의 저습 지형과 하천은 유역 규모에서 양쯔 강만 못하다.

양쯔 강 유역에서 호수라면 둥팅洞庭 호[13]와 포양鄱陽 호[14]가 대표적이다. 이 호수들은 송 대에서 명·청 대를 지나면서 산업의 발전과 늘어나는 인구로

13 중국 후난(湖南) 성에 있는 중국 제2의 담수호이다. 원래는 중국 최대의 담수호였으나 오랜 시간에 걸쳐 양쯔 강의 토사와 퇴적물이 유입되어 지금은 포양 호에 이어 중국에서 두 번째로 큰 호수가 되었다. 평균 수심은 2.3m이고, 면적은 3195km^{2}이다.

14 중국 장시(江西) 성, 양쯔 강 남쪽에 위치한 호수로서 호수의 북쪽이 양쯔 강과 연결된다. 중국 최대 담수호로 면적은 5050km^{2}이고, 평균 수심은 14.5m이다.

인하여 경작지로 매립되고 토사로 퇴적되어 크기가 줄어들었다. 그러나 여전히 양쯔 강의 유량이 늘어날 때 이를 어느 정도 저류해 주는, 홍수 조절 기능을 해 오고 있다. 당시 이 지역의 자연 상태에서는 가장 복잡한 지형을 보여 주었을 것이다. 양쯔 강과 화이허 강의 하운, 남북으로 관통하는 대운하를 통한 교역이 발달하면서 하천에서의 인문 환경도 복잡했을 것이다.

소설에서는 존재하지만 역사에서는 존재하지도 않았던 황허 강변의 양산박을 역사적으로 분석하고, 그 공간의 존재 여부를 확인하는 것은 아이러니하다. 만들어진 역사와 지리인 것이다. 그러나 양산박은 역사적으로 당 대와 송 대에 실제로 존재했던 지역이다류제헌, 1999; 미야자키, 1993. 북송 말기11~12세기에는 황허 강의 유로 변경이 심하였는데, 이때 양산박으로 불리던 호소가 파묻히기도 했다. 양산박이라는 지명은 그 전에 거야택鉅野澤으로 불렸다고 한다. 양쯔 강의 둥팅 호나 포양 호, 타이太 호[15] 정도의 깊이에는 못 미치지만, 어느 정도 저류 기능을 한 것으로 보인다.

『수호전』의 지리적 배경

정리하면 원래 『수호전』의 역사적 배경은 남송의 정사에 근거한다면 보다 남쪽의 양쯔 강이 그 중심이다. 송 대 이후에 원·명 등의 국가가 중국을 통치하면서 수도권이 양쯔 강 중심의 강남에서 황허 강 중심의 중원으로 이동하여 자연스럽게 양산박의 지리적 근거지도 양쯔 강에서 황허 강으로 옮겨 간다. 진침의 『수호후전』에서는 다시 황허 강에서 양쯔 강으로 옮겨 온다. 말하자면 남송의 정사는 양쯔 강이고, 시내암의 소설 『수호전』에서는 허베이 성의 황허 강, 그리고 진침의 소설 『수호후전』에서는 다시 양쯔 강으로 무대가 바뀐다.

---

15 중국 장쑤 성에 위치한 담수호로 둥팅 호, 포양 호와 함께 중국의 3대 호수로 꼽힌다. 면적은 2213km^2, 평균 수심은 2m이다.

중국 산둥성에 위치한 양산박의 석각

이러하듯 소설과 같은 문학은 정확한 역사의 기술과는 달리 상상력을 더하고 편리한대로 당시의 정치적, 사회적 상황에 맞추어 지리적인 배경을 이동한다. 그러나 이러한 지리들은 새롭게 만들어진 것이 아니라 당시에 실존한 것이다. 『수호전』의 양산박은 역사의 기록으로 보면 양쯔 강 유역에 존재했던 것으로 보인다. 또 다른 역사 기록들에서 양산박은 황허 강 쪽으로 나오기도 한다. 양산박이라는 실존했던 지명에 양쯔 강과 화이장 강에서의 활약 장면을 얹었던 것은 아닐까?

중국에서 흔히 말하는 강호江湖 지역은 양쯔 강 중하류의 호수 지대로서 크고 작은 많은 호수들이 저습지, 갈대밭, 하천의 본류와 지류 등으로 얽혀서 복잡한 경관을 이룬다. 『수호전』의 양산박은 이러한 복잡한 지형을 무대로 한다. 많은 복잡한 일들이 꾸며지고 숨겨질 수 있었던 것이었다.

양산박의 위치와 함께 『수호전』의 무대는 복잡한 하천과 호수, 늪지대, 그리고 인접한 농경지와 산지구릉지, 발달한 도회지 등이다. 당시에 양쯔 강 이남 지역은 높은 기온과 많은 강수량 등으로 농업 생산성이 높고, 수운과 하운의 발달로 산업 발달과 물산의 풍요를 누릴 만큼 상업이 발달하였다. 그리하여 조정의 요구가 많고, 관리들의 부패도 극심했던 곳이다. 실존했던 사실에 의거하는 정사에는 36명의 도적으로 되어 있으나, 후기 원·명대의 소설에서는 108명의 협객으로 주인공이 늘어나는 것은 조정 혹은 관료에 대한 민중의 비판 의식이 불교의 108 번뇌를 통하여 반영된 것으로 보인다.

송 대에 오면서 양쯔 강 이남 지역은 본격적으로 농업 기술이 개발이 된다. 강남 농법이라 하여, 인분을 비롯한 많은 비료를 사용하고, 이앙법[16]도 사용하면서 2년 3작의 농업으로 발전한다. 이와 같은 개발로 식량 생산이 증가하면서 인구의 증가, 상업의 증가, 물류 이동의 증가, 하운의 발달을 가져왔다. 중국에서 선진 농법으로 알려진 강남 농법은 14세기경에 우리나라에도 전파된다김진영, 2005; 정철웅, 2002.

왕조가 바뀜에 따라 『수호전』의 주인공과 함께 무대가 되는 지리도 이동하였다. 물론 현재 중국에서는 『수호전』과 관련된 지명이 지역과 관계없이 상업적으로 사용되고 있다.

『수호전』과 강남 문학

중국의 강남 지역은 양쯔 강의 중하류 지역에 해당한다. 양쯔 강의 지리적인 특성은 강남 문화와 문화의 중요한 요소인 문학에 반영되어 결국 강남 문학으로 정착된다김진영, 2005. 처음에는 자연지리적인 요소가 지역의 문화를 결정하지만 농업과 상업, 무역의 발달에 따른 도시와 취락의 발전으로 새

16 다른 말로 모내기라고도 한다. 못자리에서 모를 일정 정도 키운 다음 논으로 옮겨 심는 농법을 말한다. 논에 직접 씨를 뿌려 재배하는 직파법에 비해 제초 작업이 수월하여 적은 노동으로도 보다 많은 수확을 얻을 수 있고, 쌀 종자도 절약할 수 있는 장점이 있다. 우리나라에서는 고려 시대부터 시작되었으나 조선 시대 후기에 와서 전국적으로 확대·보급되었다.

롭게 인문지리적인 요소가 다시 문화와 문학에 영향을 미친다. 중국에서도 문명의 발달에 따라 인구가 증가하고 산업도 발전하면서 자연환경 역시 엄청난 변화를 겪었다정철웅, 2002. 말하자면 강남 문학은 중앙정치권과 분리되어 도교와 같은 정신적 세계를 추구하는 경향과 급속한 경제 발전과 교역이라는 병립하기 어려운 요소들이 결합하면서 만들어진 것이다. 이 두 가지의 정신문화와 물질문명은 양쯔 강을 중심으로 하는 강남권의 지리적 특성에서 비롯된 것이다. 정치의 배제는 경제의 강화로 나타난 것이고, 도교적 정신문화는 상당한 부분에서 양쯔 강의 자연 지형과 연관을 맺는다. 이러한 지역적, 장소적 특성과 이를 바탕으로 하는 인문환경을 반영하면서 『수호전』과 같은 동일한 문학 작품이라고 할지라도 구전되는 과정에서 부분적으로 새롭게 각색되는 것이다.

궁극적으로 김진영 교수부산외대, 중국문학와 정철웅 교수명지대, 중국사는 지역, 환경 등을 바탕으로 각각 문학과 역사학을 논하고 있는 것으로 보인다. 김진영 교수는 지역 연구에서 자연지리와 인문지리를 구분하여 문학과 역사에 미친 영향을 분석하고 있다. 일본의 미야자키는 『수호전』 자체를 역사적으로 분석했다. 공통점은 그들 모두 정확한 지역과 장소와 공간의 변화를 추구하고 있다는 점이다. 지리가 역사와 문학 연구의 바탕이 됨을 보여 준다.

『수호전』은 황허 강에 존재했던 양산박과 양쯔 강에서의 송강 무리의 활동이 결합된 것으로 보인다. 송강의 활동 무대는 중국 대운하를 통하여 황허 강과 양쯔 강 모두가 될 수도 있었을 것이다. 역사학자와 중국문학자들이 찾고자 하는 정확한 장소와 지역의 특성을 역사지리학과 자연지리학에서도 추구하는 것이다. 지리학과 문학에서 모두 추구하는 문학지리학의 영역이기도 하다.

참고문헌

가와바타 야스나리(서기원 역), 1991, 설국, 청림 출판사.

궁계서 · 정덕권, 1985, 연변자연지리, 연변인민출판사.

권석환 · 김동욱 · 안장리 · 이석해 · 이정수 · 이행렬, 2002, 오월지역의 수향을 찾아서, 다락원.

권혁재, 1974, 지형학, 법문사.

김승옥, 2004, 무진기행, 문학동네.

김진영, 2005, 중국 강남 문학의 지역 특성, 부산외국어대 출판부.

김태정 외, 2002, 백두고원, 대원사.

데즈카 아키라(정암 역), 2000, 훔볼트의 세계, 한울.

류제헌, 1999, 중국역사지리, 문학과지성사.

리돈 외, 1993, 백두산 총서: 지질, 과학기술 출판사.

이와타 레이, 2009, 중국어의 언어지리학(2)–언어 지도의 해석–, 지리언어학의 동향과 활용, 김덕호 편역저, 역락, pp.203-211.

미야자키 이치사다(차혜원 역), 1993(2006), 중국사의 대가, 수호전을 역사로 읽다, 푸른역사.

서울대학교 동아문화연구소(편), 1981, 국어국문학사전, 신구문화사.

신지영, 2003, 희곡으로 읽는 수호전, 새문사.

심혜숙, 1997, 백두산, 대원사.

생텍쥐페리(양혜윤 역), 2007, 우연한 여행자, 세시.

윤인진, 2004, 코리안 디아스포라, 고려대학교 출판부.

이원환, 1999, 최신하천공학, 동명사.

정철웅, 2002, 역사와 환경–중국 명청 시대의 경우, 책세상.

최부 저(최기홍 역), 1997, 최부 표해록, 교양사.

파울로 코엘료(최정수 역), 2001, 연금술사, 문학동네.
프렌치(유근배 역), 2007, 해안보호, 한울.
허우성, 1982, 수호전, 동아대백과사전, 동아출판사.
Zenkovich, V. P., 1967, Processes of Coastal Development, Interscience.
Fairbridge, R.W., 1968, the Encyclopedia, VNR.

대한지리학회 · 국토지리정보원 편, 2007, 대한민국 지도집, 국토지리정보원.
本間人, 1962, 河川工學, 日本 コロナ社.
Klimm, L.E., 1956, Man's Port and Channels, Thomas, W.I., eds., Man's Role in Changeing the Face of the Earth, The University of Chicago Press., pp.521-541.
Taaffee, E.J., Gauther, H.L., and O'Kelly, M.E., 1996, Geography of Transportation, Pretice Hall.

박승준, 2006, 주한 중국대사 닝푸쿠이 인터뷰, 월간조선, 2006년 1월 호.
정순태, 2004, 대지는 불타고 있었다, 월간조선, 2004년 9월 호.
이민부, 2005, 문학 속의 지리학, 문학사상, 390(4월 호), pp.218-228.
이민부, 2009, 어린왕자와 GIS, GIS Review, 37(봄 호), pp.44-45.

사진출처

▶▶▶ 연합뉴스, 연일 내린 집중호우로 물에 잠긴 서울 사당역 사거리, 물에 잠긴 파키스탄, 태풍 무이파의 영향으로 집채만한 파도가 덮친 가거도 항, 파래 덮힌 경포호, 파도에 의한 침식으로 유실된 도로, 우면산 산사태

▶▶▶ 위키미디어, 폭설로 통행이 금지된 잠수교, 캐나다에 발생한 토네이도, 구름에서 내려오는 소용돌이, 후지 산, 쓰나미로 폐허가 된 센다이 공항 활주로, 그라이아 섬 사이를 지나가는 대상, 미국의 코리아 타운, 커피 열매, 브라질 고원의 플랜테이션 커피 농장, 밤에도 바쁘게 움직이는 서울 여의도, 고려대학교 하나스퀘어, 중국 둔황의 막고굴, 와인 저장고로 사용되는 지하 창고, 걸프 만의 석유 시추선, 반지의 제왕: 두 개의 탑의 모티브가 된 페룻의 탑, 항구 도시 세우타, 아스완 로우 댐, 한적한 항구 도시 낸터킷, 대운하, 소행성 B612에 서 있는 어린 왕자, 생텍쥐페리가 불시착한 리비아 사막

▶▶▶ 충청일보, 바닷물의 저염화로 폐사한 전복

▶▶▶ 태안해안국립공원, 해안의 모래 유실을 막기 위해 설치된 모래 포집기

▶▶▶ 최성길, 쓰나미의 어마어마한 힘이 버스를 2층 건물 위로 올려놓았다, 김남신, 북한과 중국의 국경을 가로지르는 두만강, 이흥재, 시화 방조제에 세워진 조력 발전소